工程制图习题集

主　编　武心嘉　张　慧
副主编　汪艳芳　杨　兰

哈尔滨工程大学出版社
Harbin Engineering University Press

内容简介

“工程制图”是一门理论性与实践性均较强的课程，习题和作业是课程的重要组成部分，其作用是帮助学生消化、巩固基础理论和基本知识，训练基本技能，学会运用基础理论和基本知识解决实际问题。为方便教学，本习题集在选题方面力求符合学生的学习规律，由浅入深，由易到难，循序渐进，逐步提高学生阅读和绘制工程图样的能力，培养学生的空间想象力。

本习题集精简了画法几何部分内容，紧密结合土木类和水利类专业实际，适合土木、水利等专业的工科学生和工程设计人员学习或参考使用。

图书在版编目(CIP)数据

工程制图习题集 / 武心嘉，张慧主编. — 哈尔滨：哈尔滨工程大学出版社，2022.4
ISBN 978-7-5661-3454-7

Ⅰ.①工… Ⅱ.①武… ②张… Ⅲ.①工程制图-高等学校-习题集 Ⅳ.①TB23-44

中国版本图书馆 CIP 数据核字(2022)第 049529 号

工程制图习题集
GONGCHENG ZHITU XITIJI

选题策划 姜　珊
责任编辑 宗盼盼
封面设计 李海波

出版发行 哈尔滨工程大学出版社
社　　址 哈尔滨市南岗区南通大街 145 号
邮政编码 150001
发行电话 0451-82519328
传　　真 0451-82519699
经　　销 新华书店
印　　刷 哈尔滨市石桥印务有限公司
开　　本 889 mm×1 194 mm　1/8
印　　张 14
字　　数 187 千字
版　　次 2022 年 4 月第 1 版
印　　次 2022 年 4 月第 1 次印刷
定　　价 35.00 元
http://www.hrbeupress.com
E-mail:heupress@hrbeu.edu.cn

前　　言

本习题集可与土木类和水利类本科工程制图教材配套使用，其编写思想、内容体系与相关教材基本一致，并全面贯彻国家和行业最新制图标准。

“工程制图”是一门理论性与实践性均较强的课程，习题和作业是课程的重要组成部分，其作用是帮助学生消化、巩固基础理论和基本知识，训练基本技能，学会运用基础理论和基本知识解决实际问题。为方便教学，本习题集在选题方面力求符合学生的学习规律，由浅入深，由易到难，循序渐进，逐步提高学生阅读和绘制工程图样的能力，培养学生的空间想象力。

本习题集精简了画法几何部分内容，紧密结合土木类和水利类专业实际，适合土木、水利等专业的工科学生和工程设计人员学习或参考使用。

本习题集由武心嘉、张慧担任主编，由汪艳芳、杨兰担任副主编。

由于编者水平有限，书中难免存在错误之处，敬请读者和同行批评指正。

编　者

2022 年 1 月

目　录

班级 姓名 学号

1-1 根据各线型示例，在指定位置按上边线型绘制水平图线。

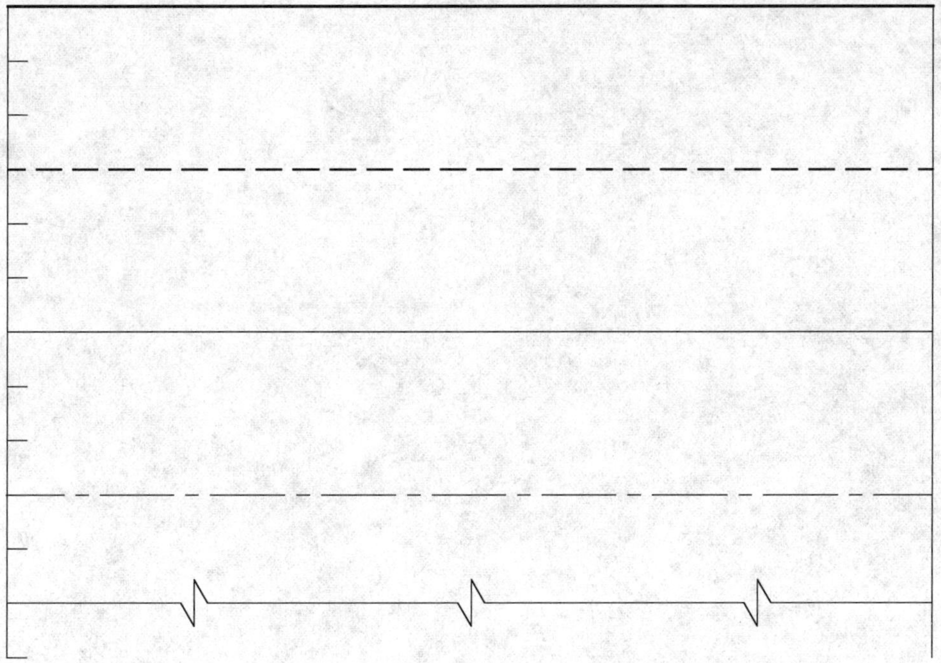

1-2 分析左图尺寸标注的错误，在右图中按正确的方法注出。

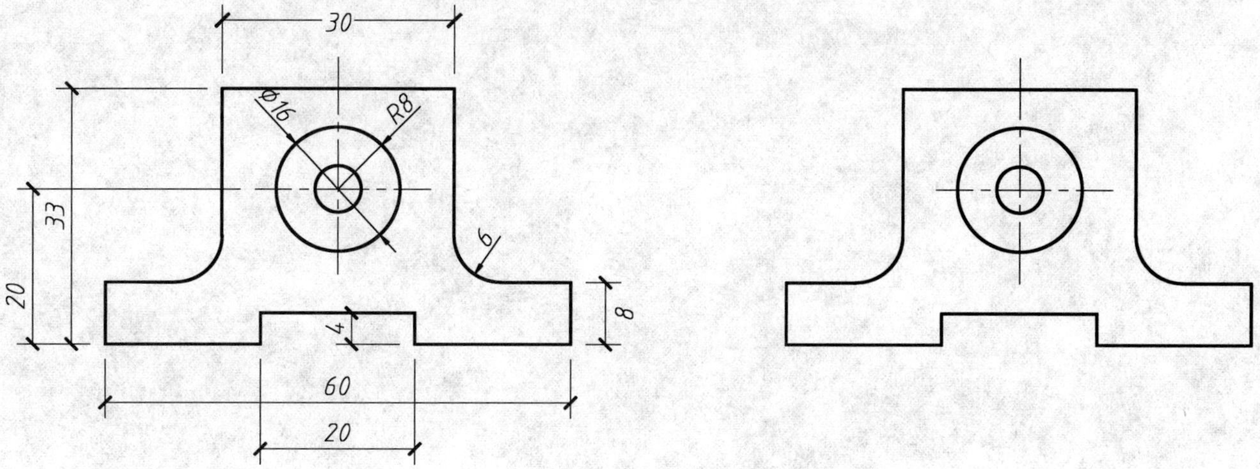

1-3 在下面长方形线框中画各材料的剖面符号。

1-4 作下列直线间圆弧连接，角*A*、*B*、*C*处连接半径*R*=10 mm，角*D*处连接半径*R*=15 mm。

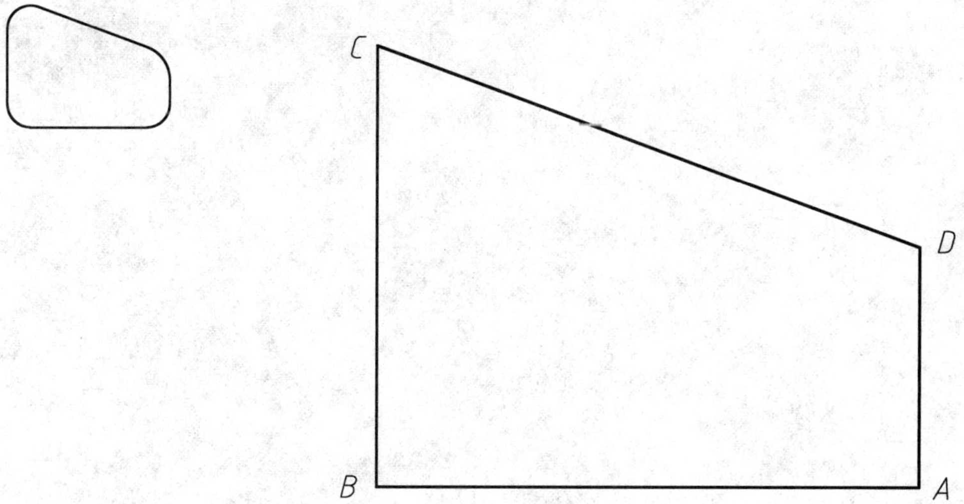

1-5 将下列两图形抄绘在一张A4图纸上。涵洞绘图比例1:100，零件绘图比例1:1，图名为“曲线连接”。要求连接光滑，尺寸注写正确，图面布置均匀，图线、字体工整清晰。（注意：绘制图框线）

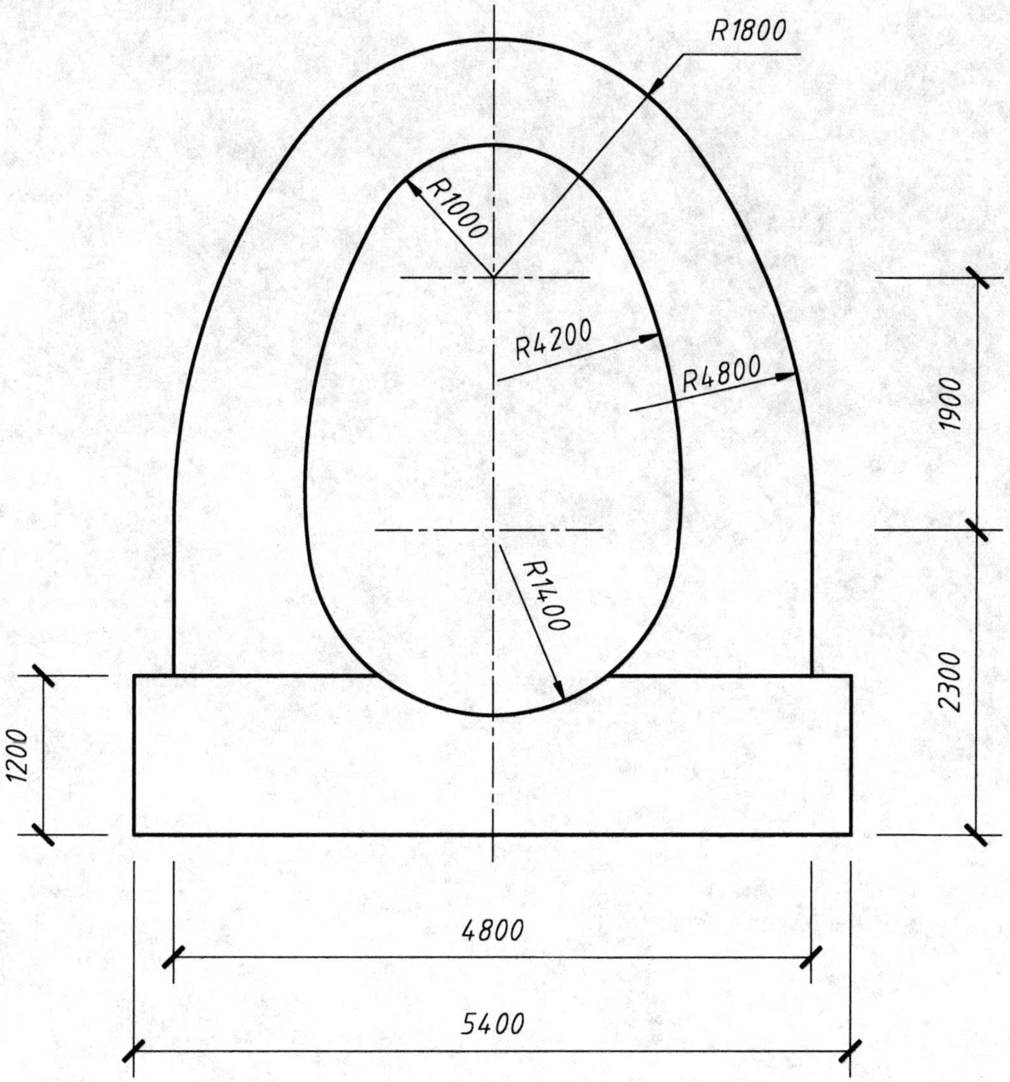

涵洞 1:100

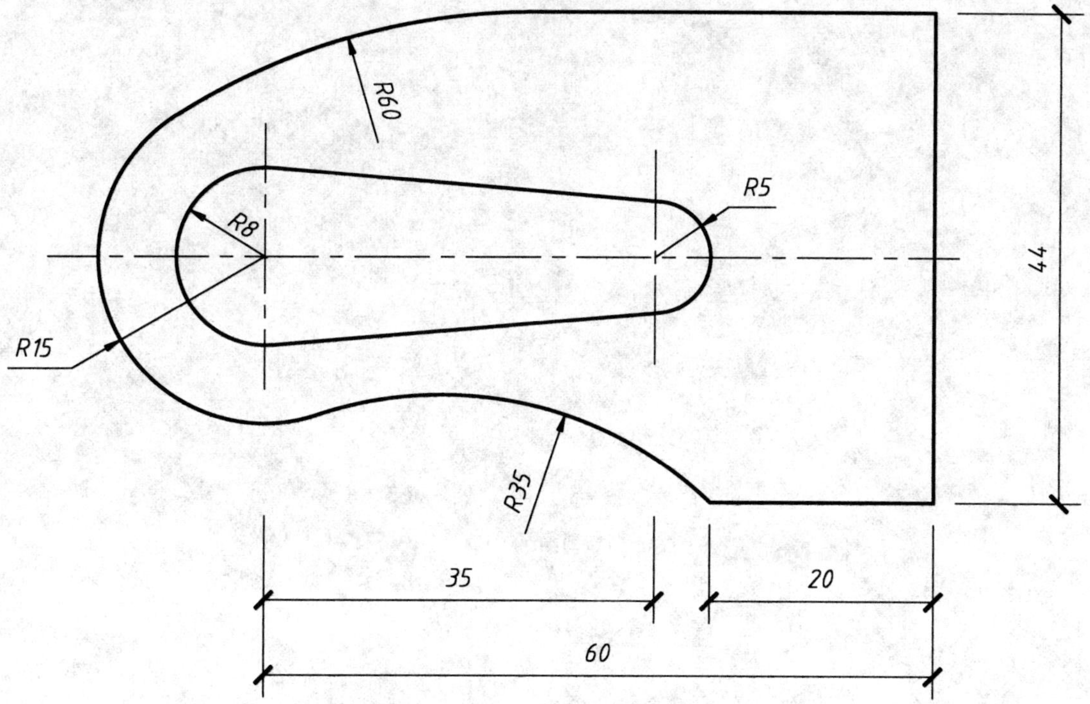

零件 1:1

2-1 已知点的两面投影，作出第三面投影。

(1)

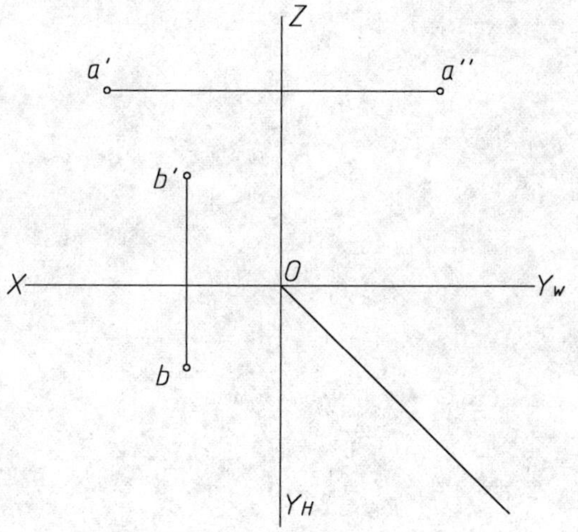

(2)

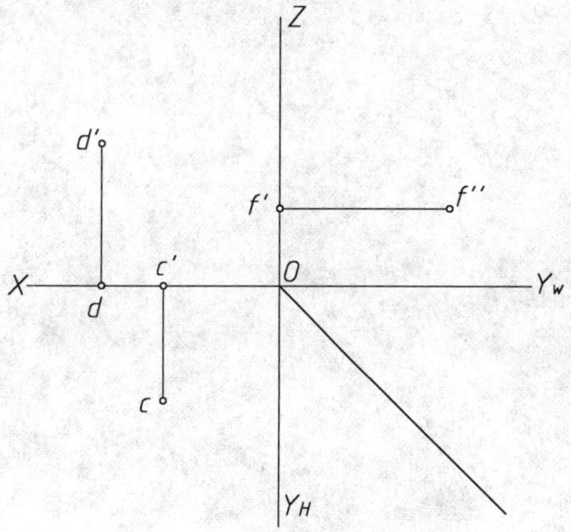

2-2 作出点$A(20,15,20)$、$B(15,0,12)$、$C(30,10,5)$的立体图和投影图。

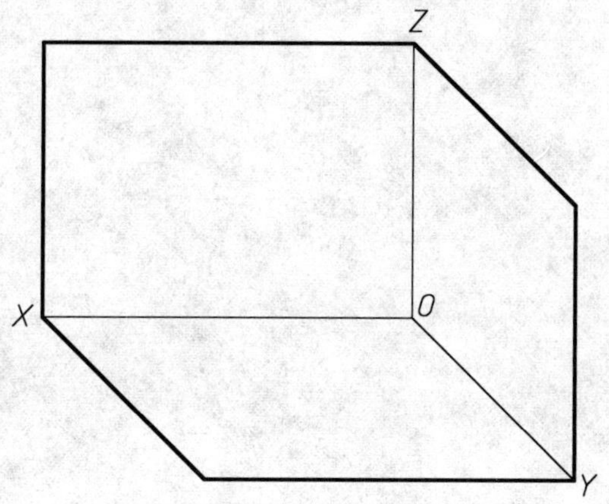

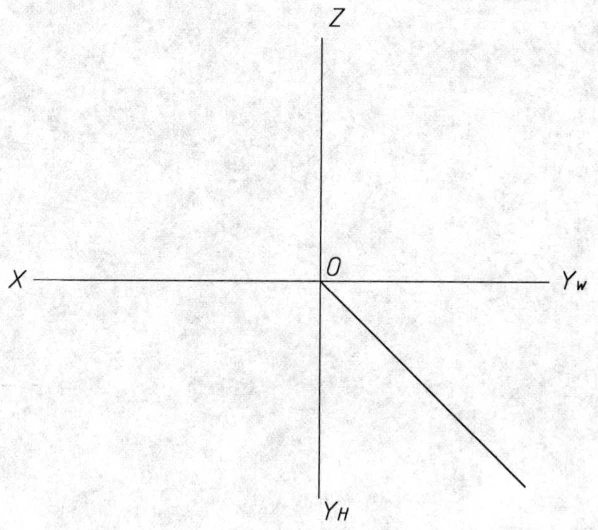

2-3 B点在A点左方20 mm、前方15 mm、上方12 mm，C点在B点正下方15 mm。求作B、C两点的三面投影。

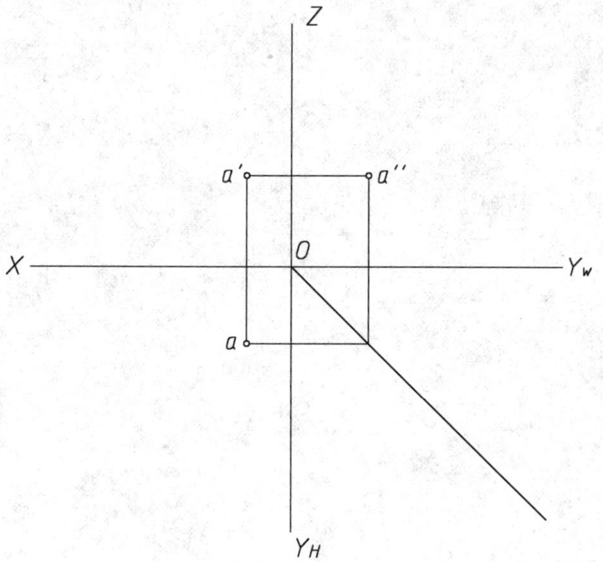

点A距H面________，
距V面________，
距W面________。

点B距H面________，
距V面________，
距W面________。

2-4 A点在H面之上20 mm，B点在V面之前15 mm，C点在W面之左前5 mm，补全诸点的三面投影。

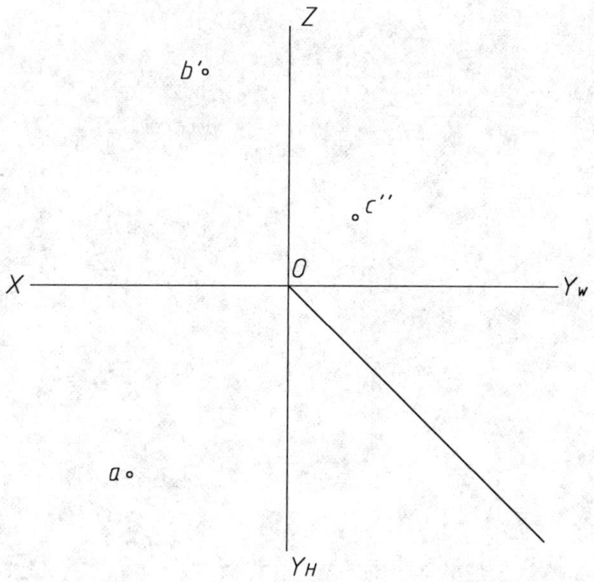

2-5 补作直线*AB*的第三面投影，在图中标明直线的实长和倾角，并在括号内写出直线的位置名称。

(1)

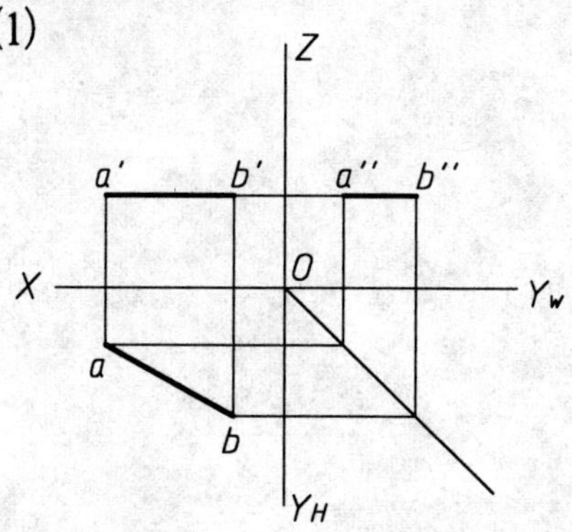

(　　　)

(2)

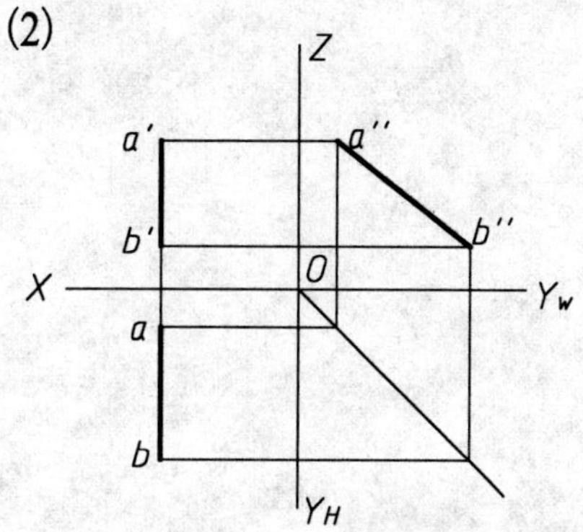

(　　　)

(3)

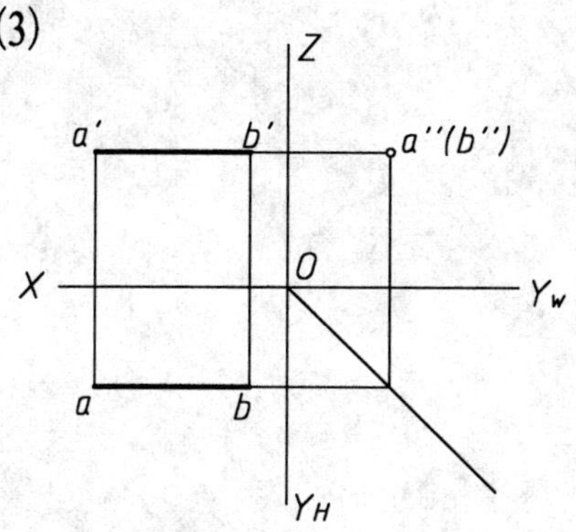

(　　　)

(4)

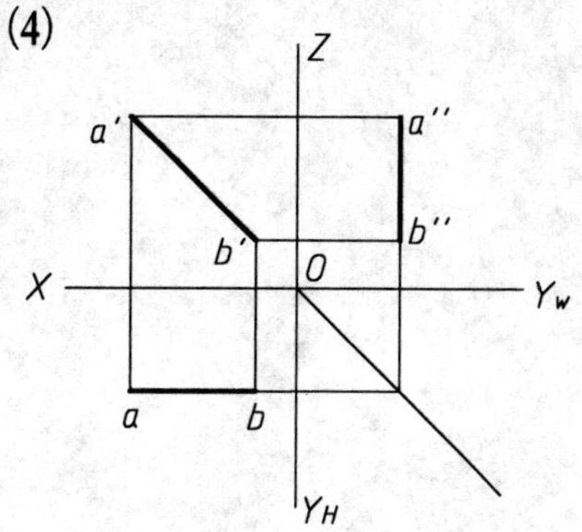

(　　　)

(5)

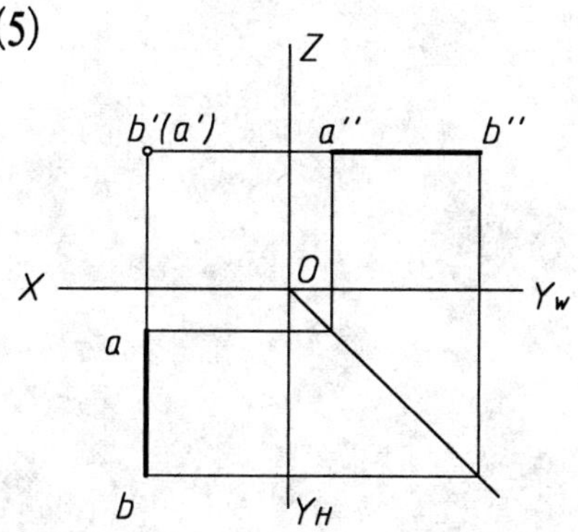

(　　　)

(6)

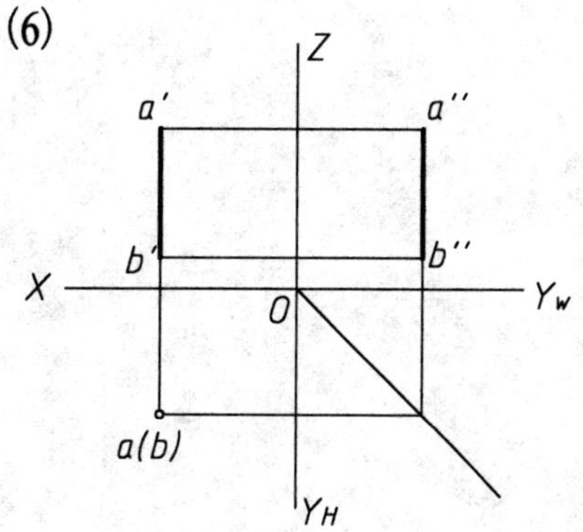

(　　　)

2-6 根据已知条件，求作特殊位置直线的投影。

(1) 已知水平线*AB*距*H*面15 mm，*A*点在*B*点的右前方，实长为20 mm，β=30°。

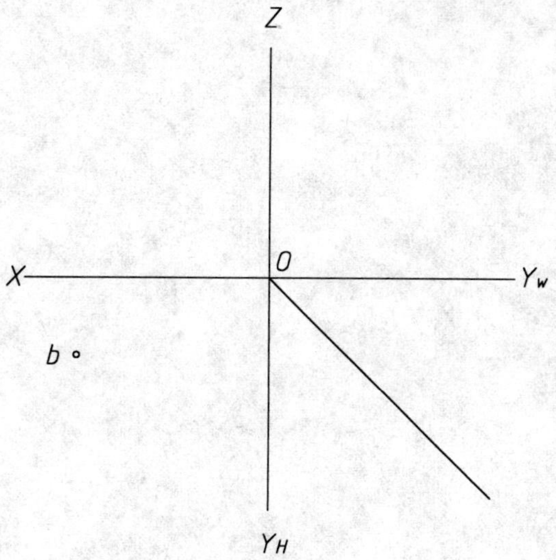

(2) 已知铅垂线*CD*距*W*面18 mm，*D*点在*C*点的下方，实长为15 mm。

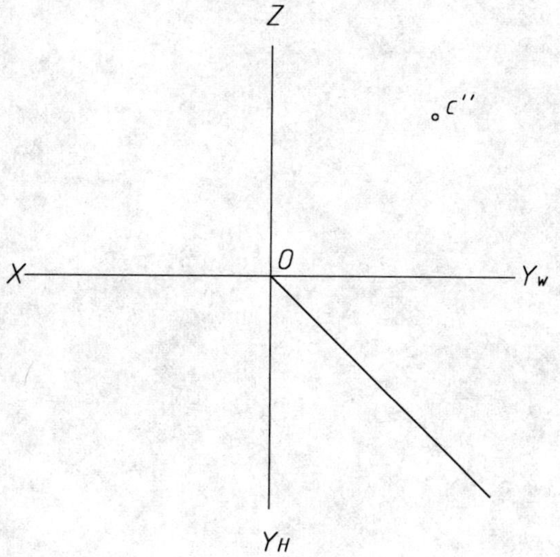

2-7 补画直线*AB*的*W*面投影，并求作该直线的实长和倾角α、β。

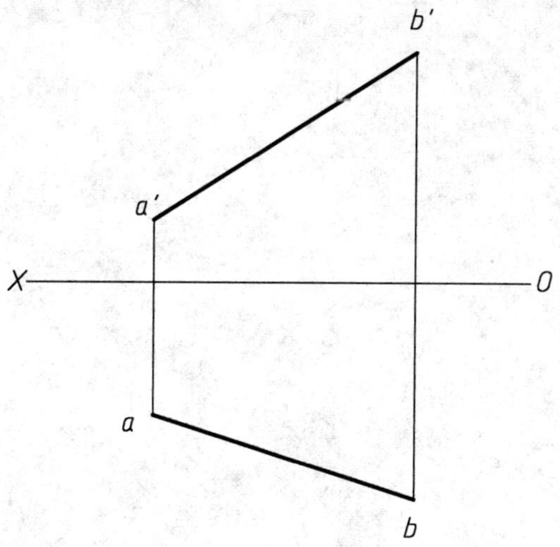

2-8 已知线段*AB*的实长为35 mm，*A*点距*V*面20 mm，*B*点在*A*点后方，求作*ab*。

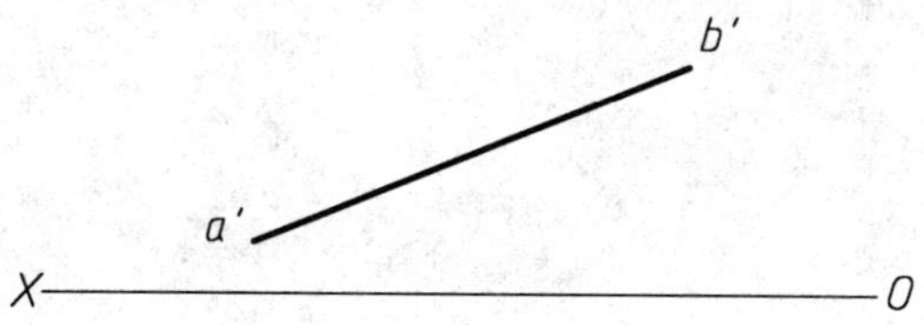

2-9 利用定比性判别点C、D是否在直线AB上。

点C ______ 直线AB上；

点D ______ 直线AB上。

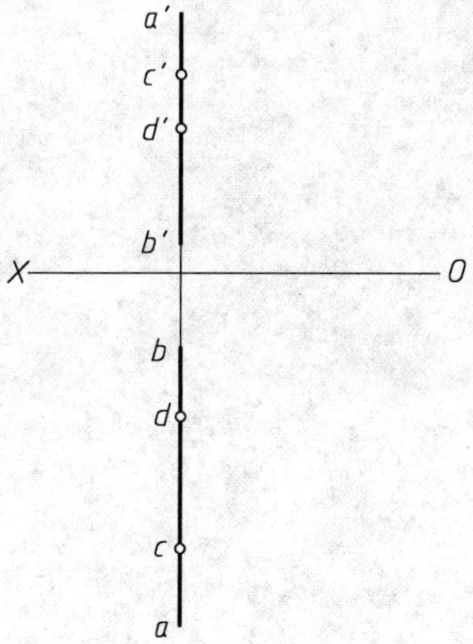

2-10 过点K作正平线KM与直线AB相交，作水平线KN与直线CD相交。

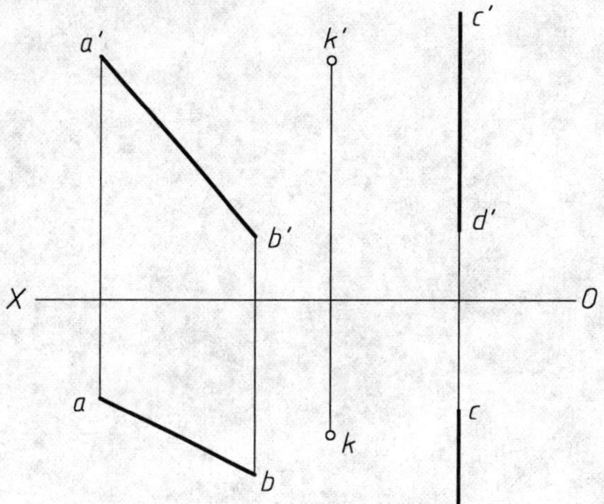

2-11 求作与直线AB、CD、EF都相交的正平线。

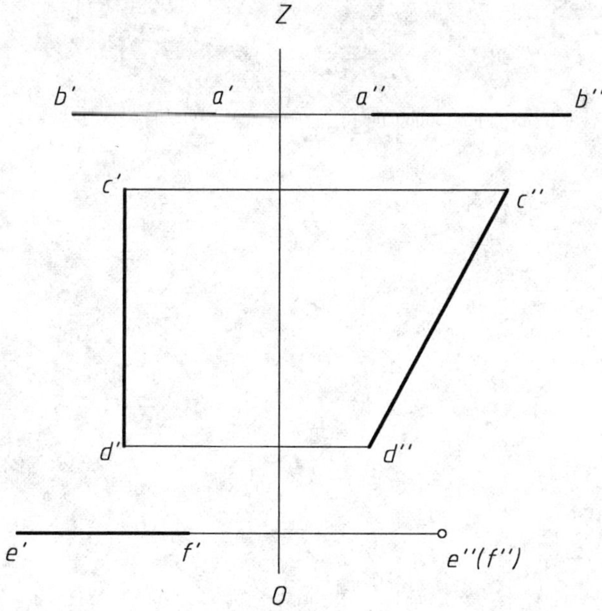

2-12 在直线AB上取点K，使AK=20 mm，作出点K的投影。

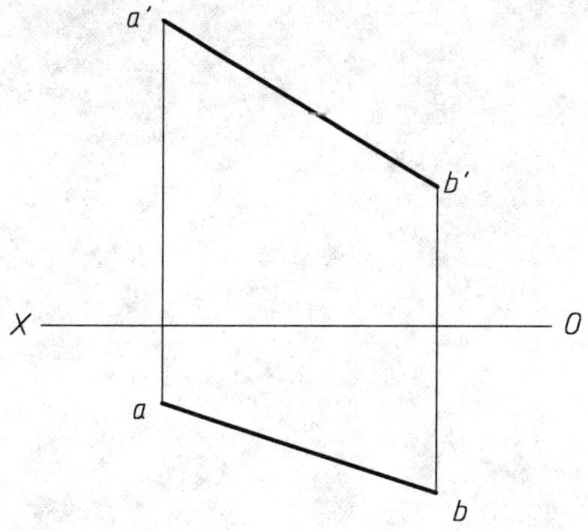

2-13 判断下列各直线的相对位置（平行、相交、交叉、垂直相交或垂直交叉）。

(1)

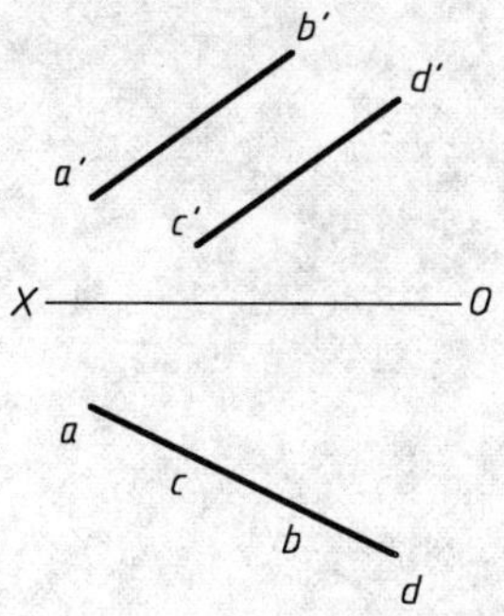

______

(2)

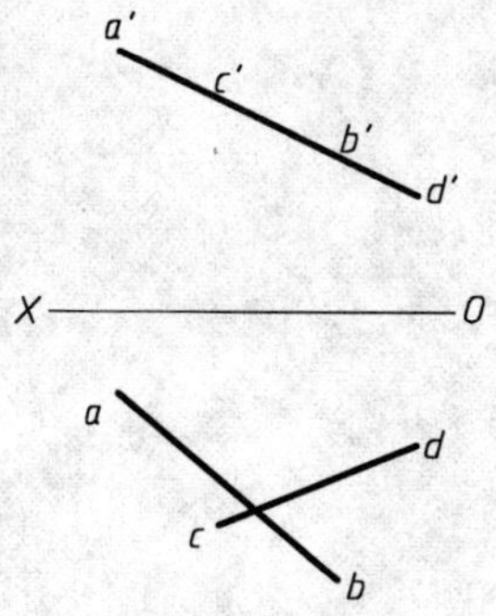

______

(3)

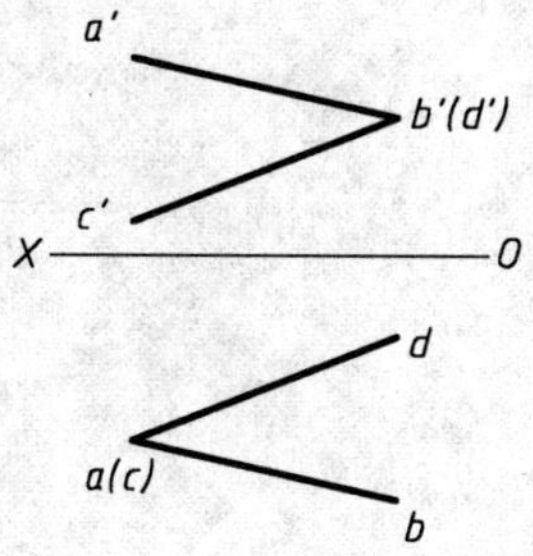

______

(4)

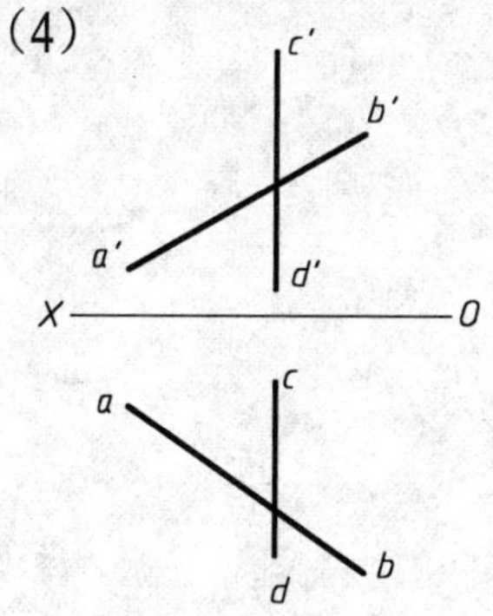

______

(5)

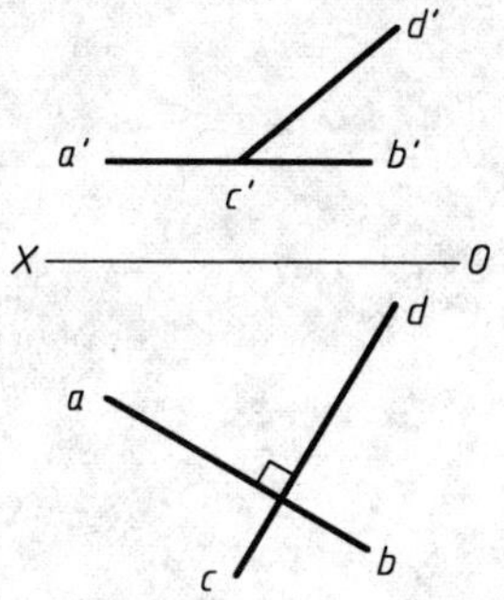

______

(6)

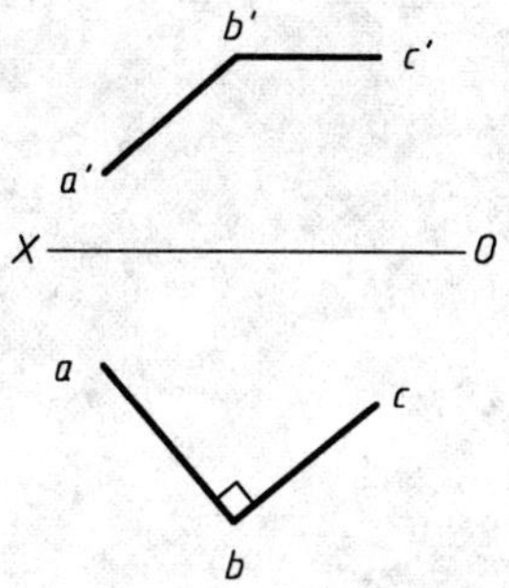

______

(7)

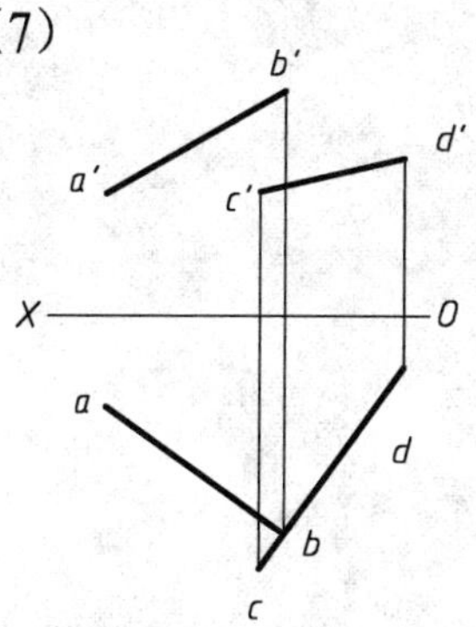

______

(8)

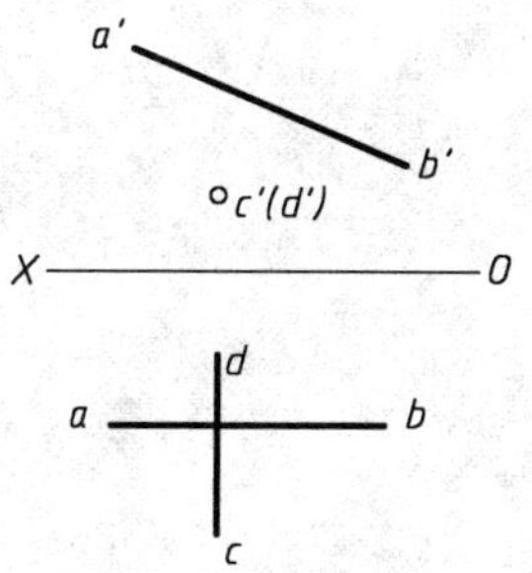

______

(9)

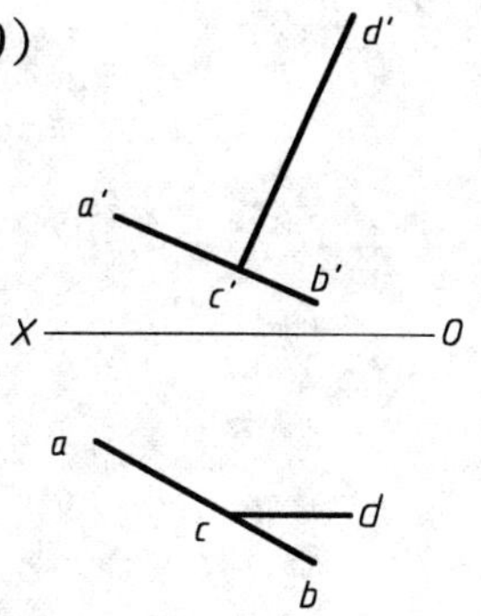

______

2-14 过点A作直线$AB//EF$，并判断直线AB与CD是否相交。

(　　)

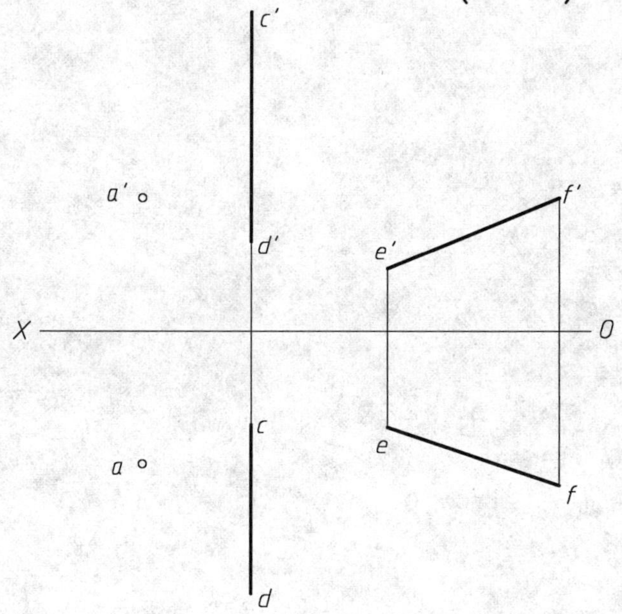

2-15 作直线MN与AB平行，与CD相交于N点。

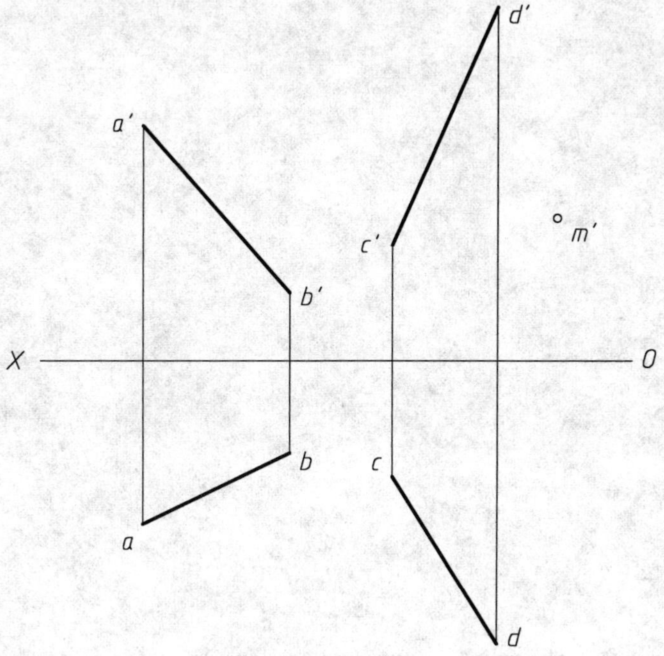

2-16 作水平线MN，使其到H面距离为25 mm，并与已知直线AB、CD相交。

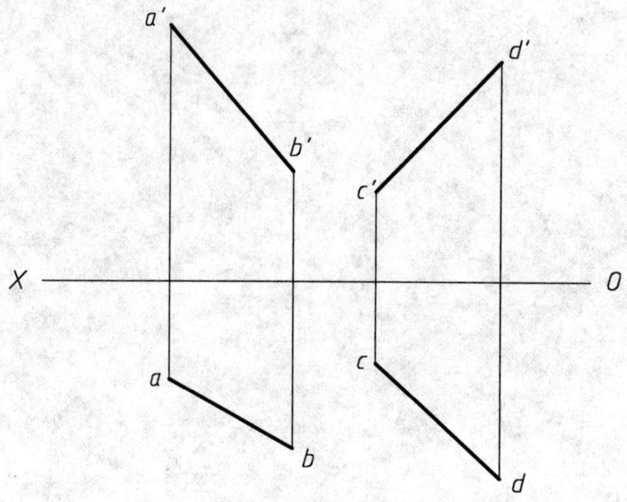

2-17 已知矩形$ABCD$的顶点C在直线MN上，完成矩形的两面投影。

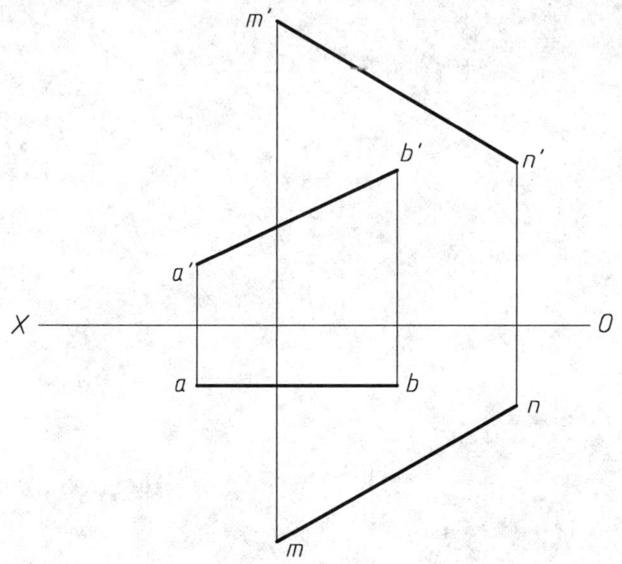

2-18 作两直线的公垂线，并标注两直线间的距离。

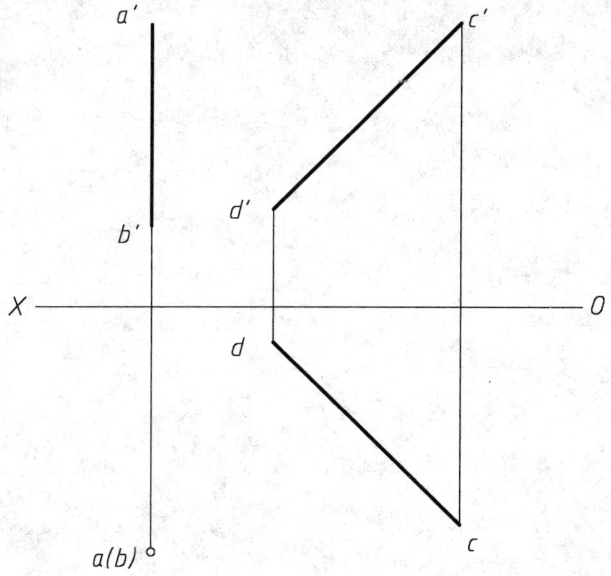

2-19 求作点A到直线CD的距离。

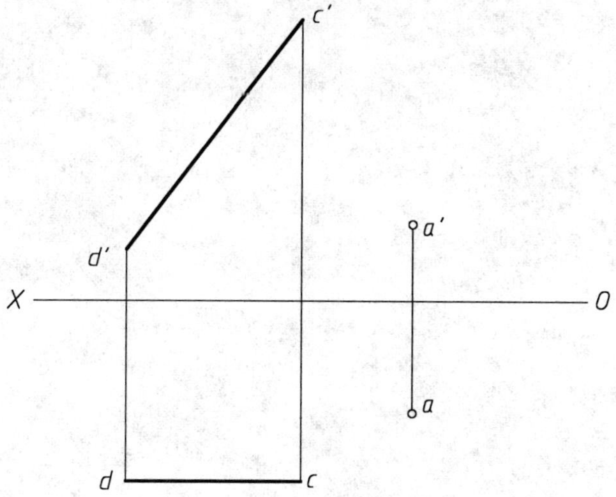

2-20 分别画出各平面的侧面投影，并根据平面与投影面的相对位置填写其名称。

（1）

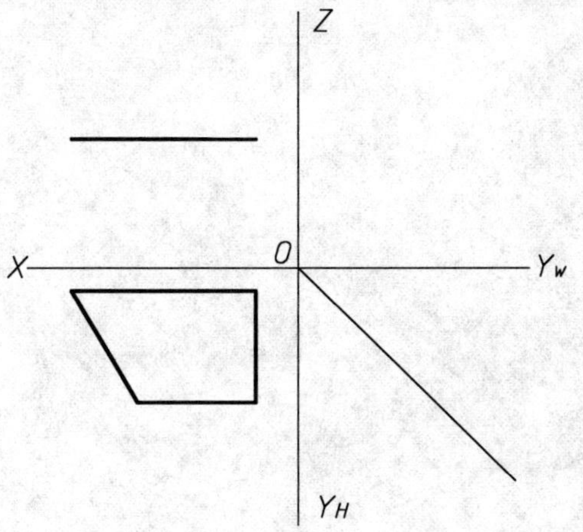

（2）

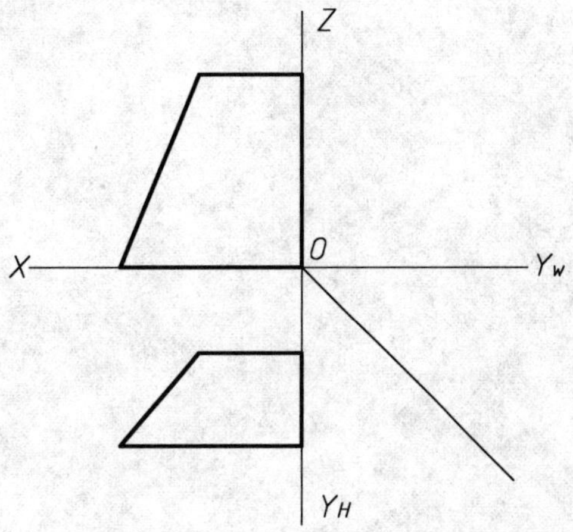

（3）

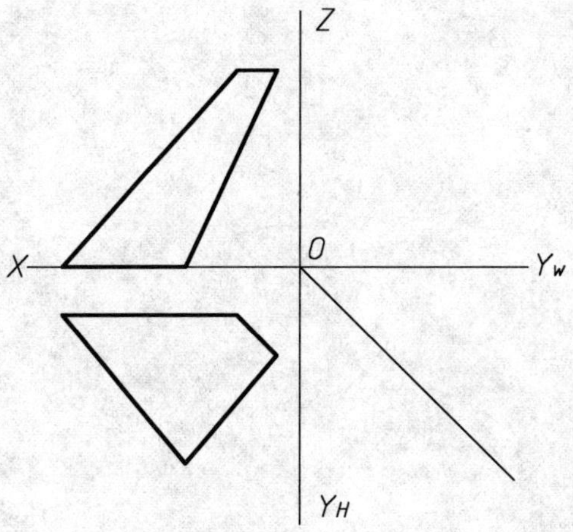

2-21 过点B作矩形$ABCD$的两面投影，短边AB= 25 mm且垂直于V面，长边BC= 40 mm且α = 30°。

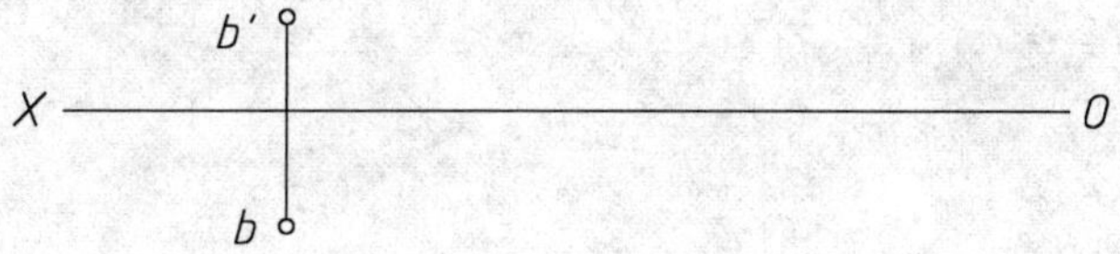

2-22 画出物体的第三面投影，并注出平面A的三个投影，判断是什么位置的平面。

（1）

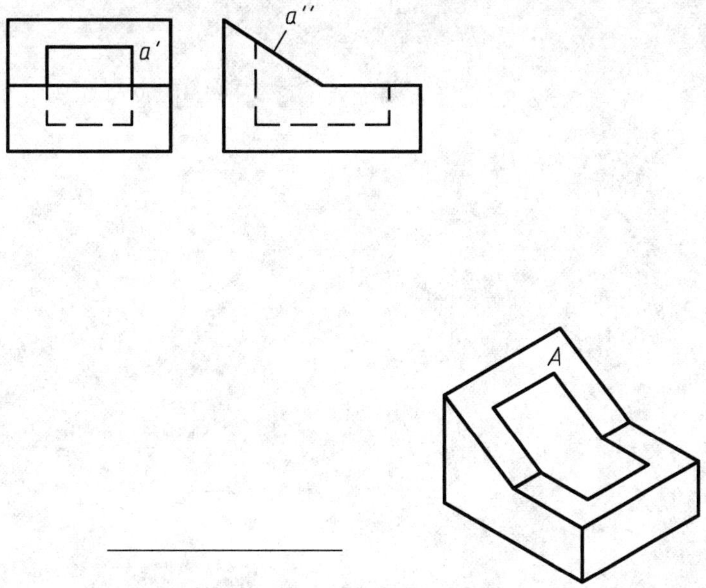

（2）

2-23 △ABC⊥H面，γ=60°，求作△ABC及其上EF的水平投影。

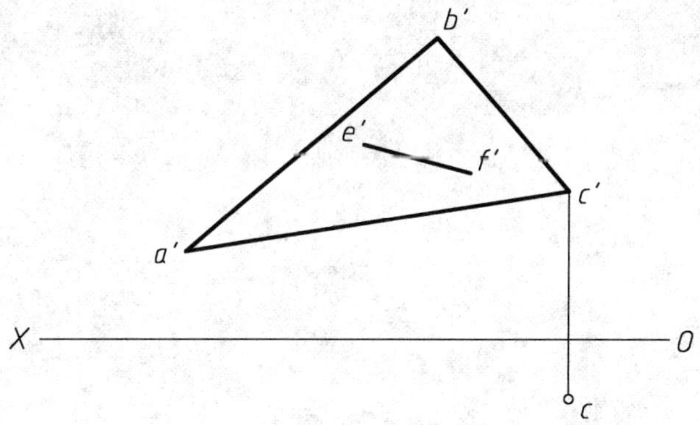

2-24 根据已知条件，包含直线*AB*作平面。

（1）作等边三角形*ABC*平行于*V*面。

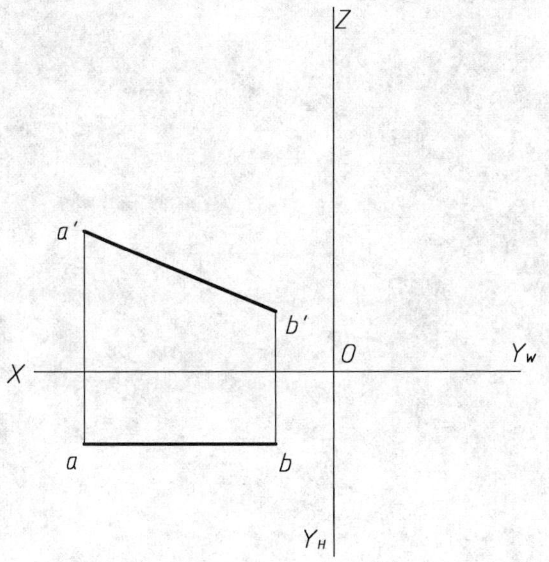

（2）作正方形*ABCD*垂直于*H*面。

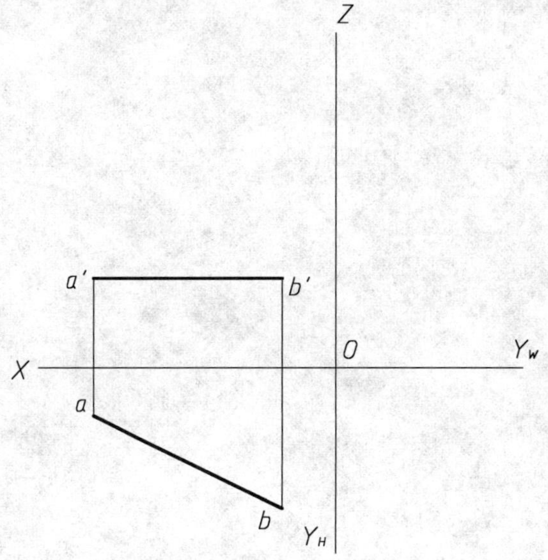

（3）作正方形*ABCD*垂直于*V*面，*AC* 为对角线。

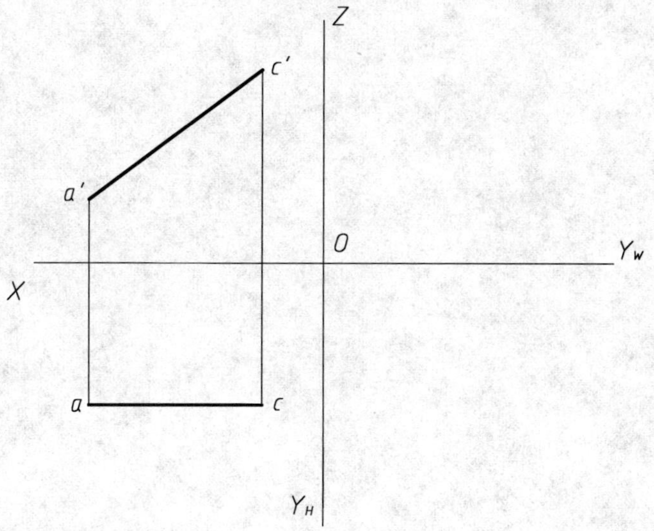

2-25 判断下列两题。

（1）判断点*M*、*N*是否在同一平面上。

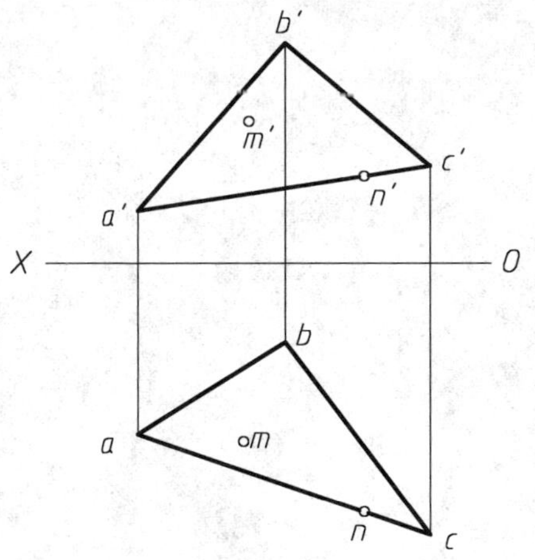

（2）判断图形*ABCD*是否在同一平面上。

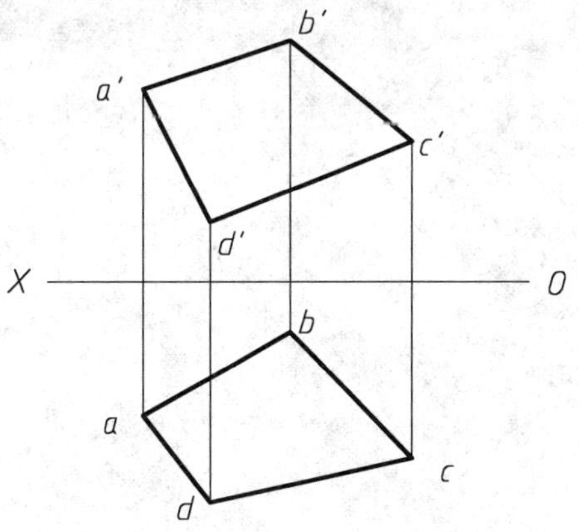

2-26 已知平面*ABCD*的边*AB*//*V*面，补全平面*ABCD*的投影。

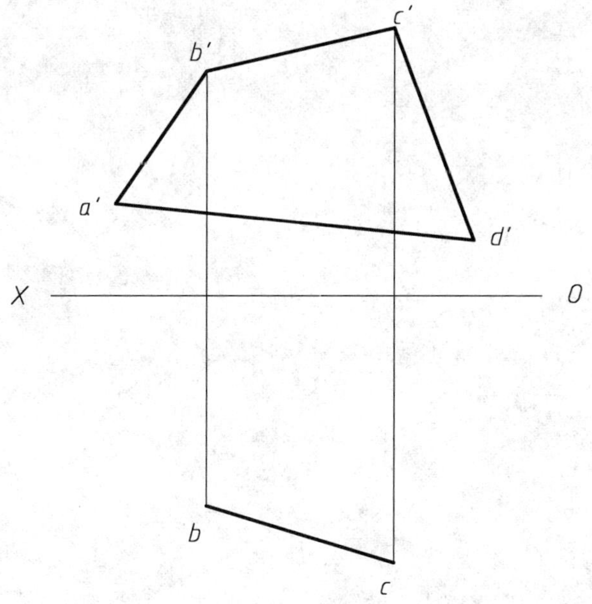

2-27 完成五边形平面的两面投影。

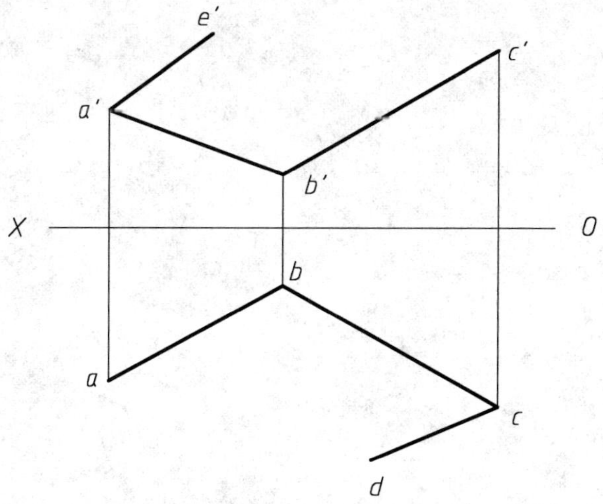

2-28　已知点M和直线AB、CD均在同一平面内，求作CD的正面投影。

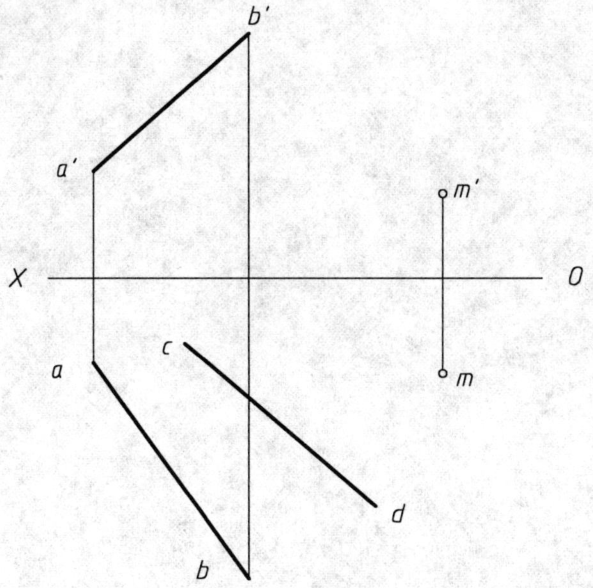

2-29　在平面ABC内作属于该平面的水平线，在H面之上10 mm；作属于该平面的正平线，在V面之前20 mm。

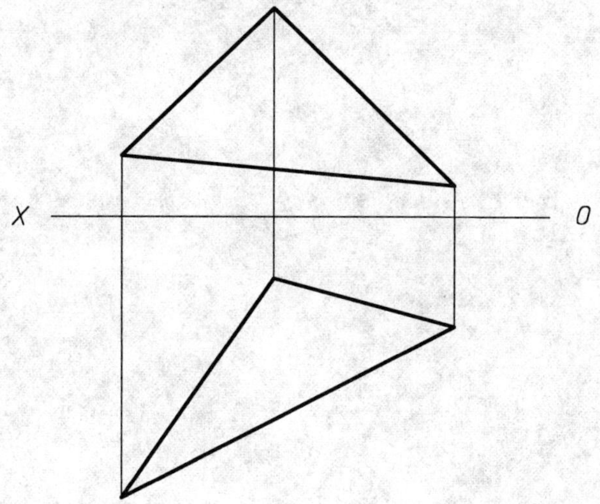

2-30*　求作△ABC对V面的投影。

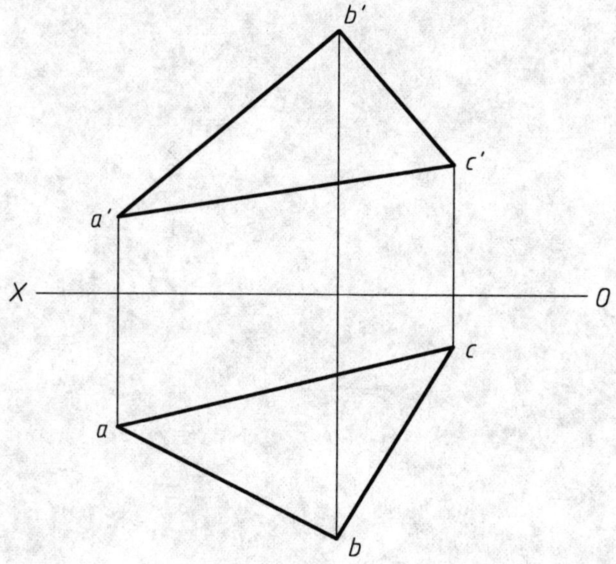

2-31　过点M作水平线，与平面ABC平行。

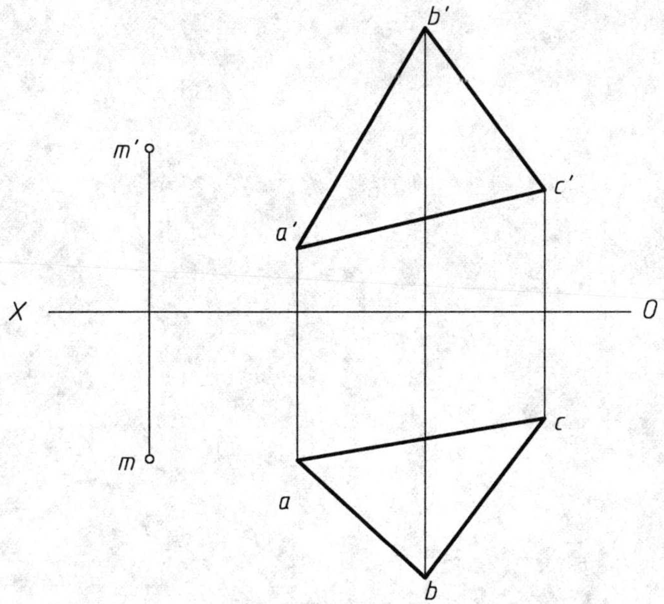

2-32　已知直线DE与平面P、平面ABC平行，求作DE的两面投影。

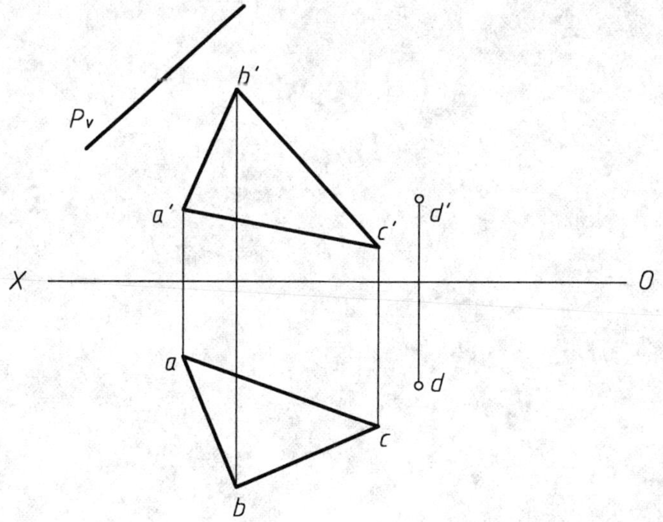

2-33　已知两平面平行，补全abcd的H面投影。

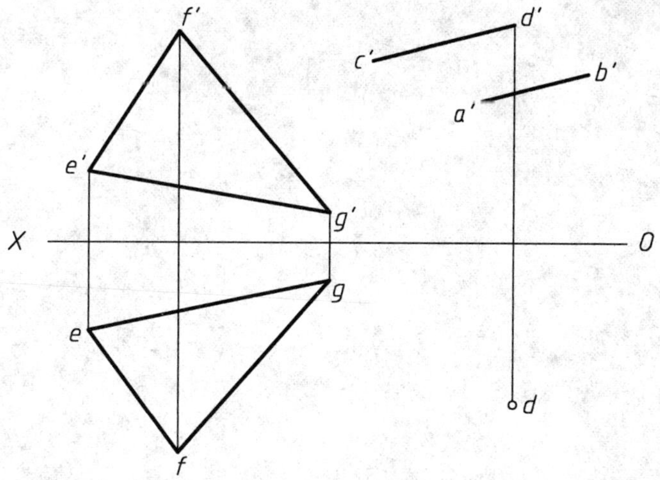

2-34 求作下列各图中直线与平面的交点*K*的投影，并判断可见性。

（1）

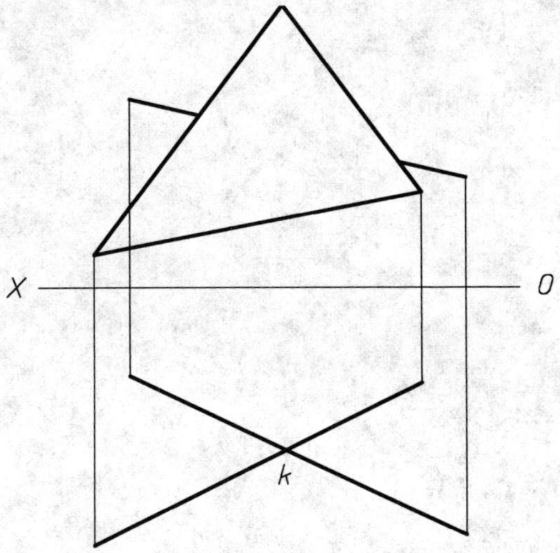

（2）

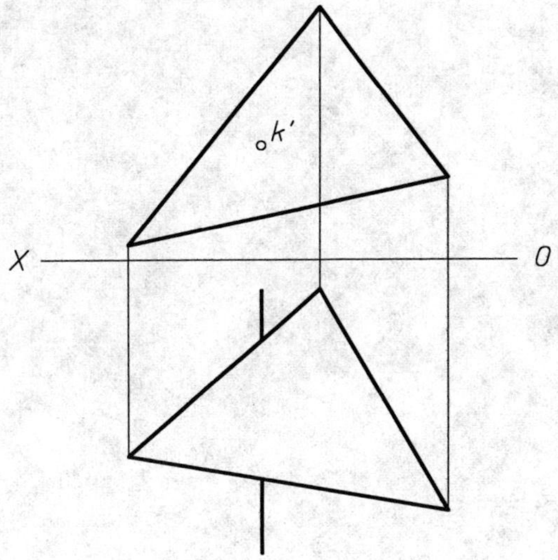

（3）

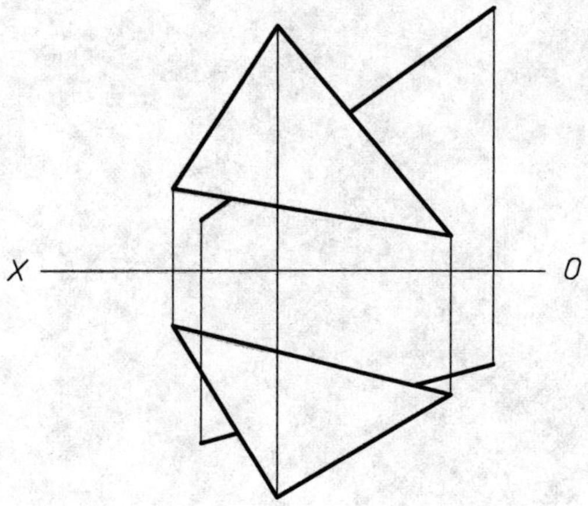

（4）

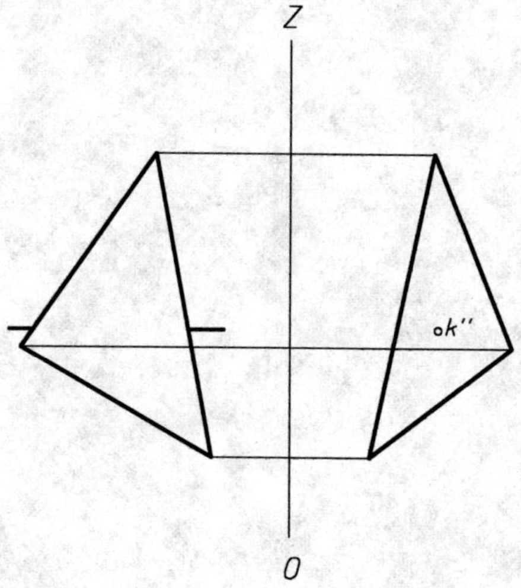

2-35 求作下列各图中平面与平面交线的投影，并判断可见性。

（1）

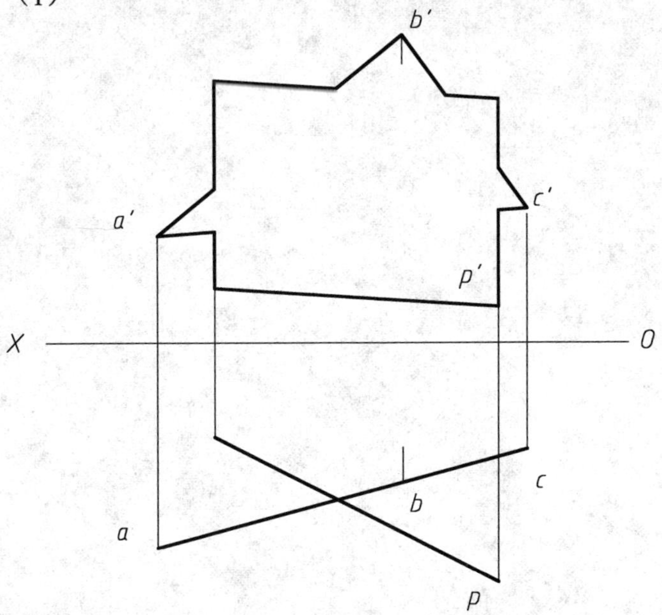

（2）

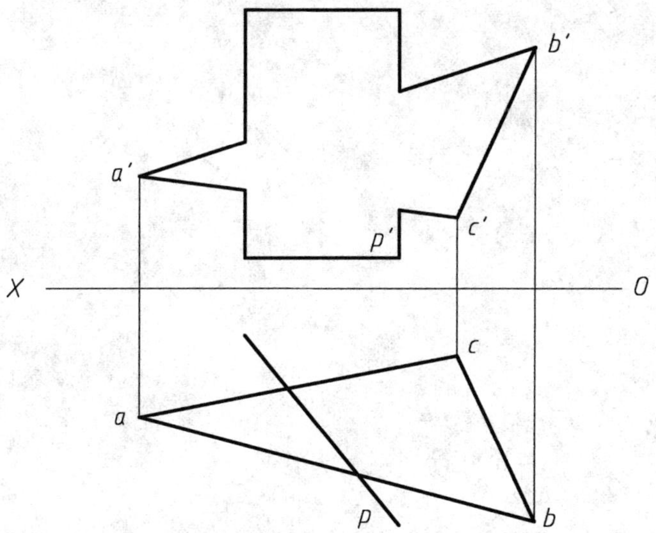

（3）

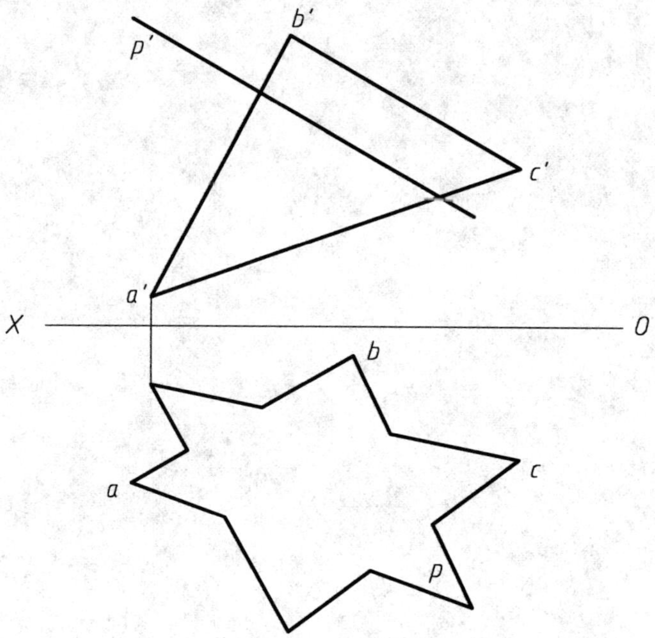

2-36 求作点M到平面ABC的距离。

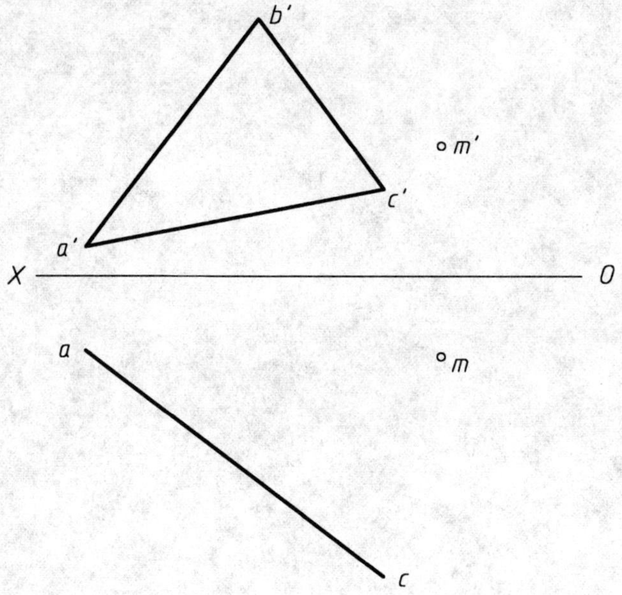

2-37 过点M作平面垂直于已知直线。

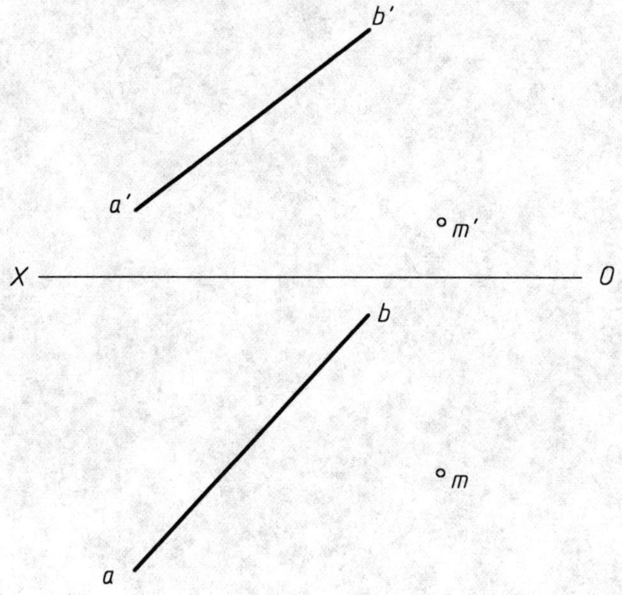

2-38 过直线AB作一平面垂直于已知平面。

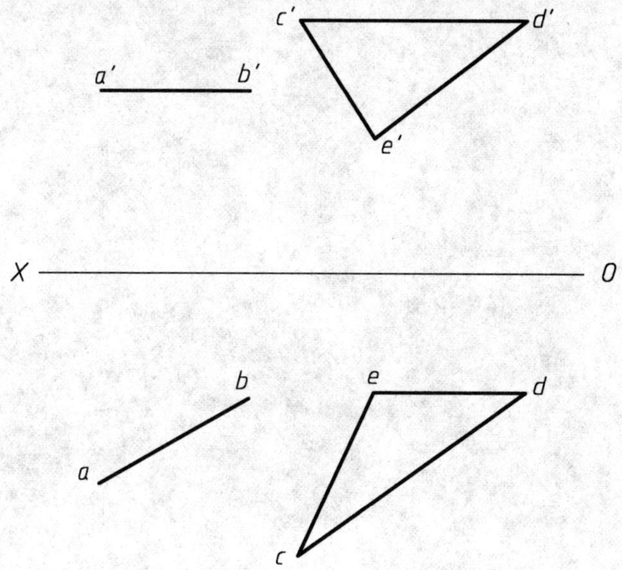

2-39 判断直线与平面的位置关系。

（1）

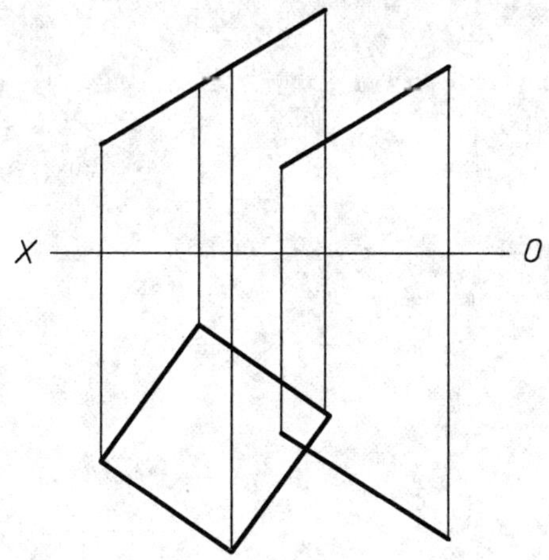

（2）

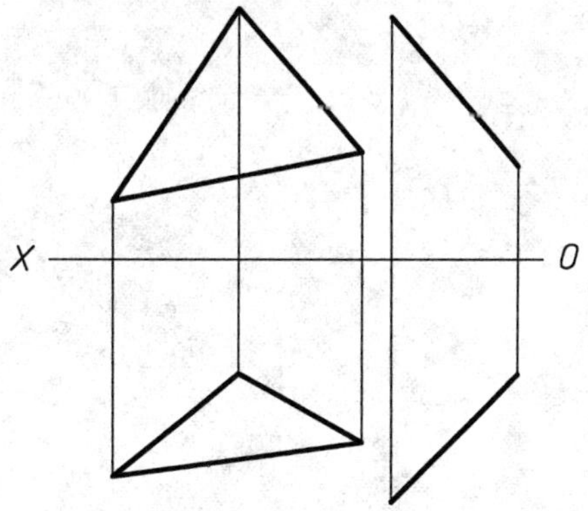

（3）

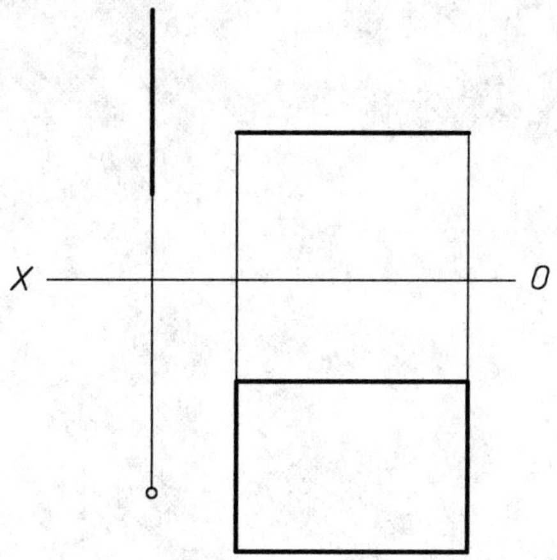

（4）

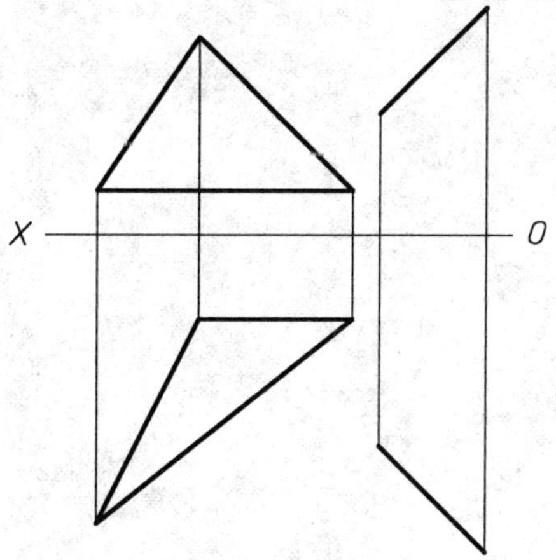

（5）

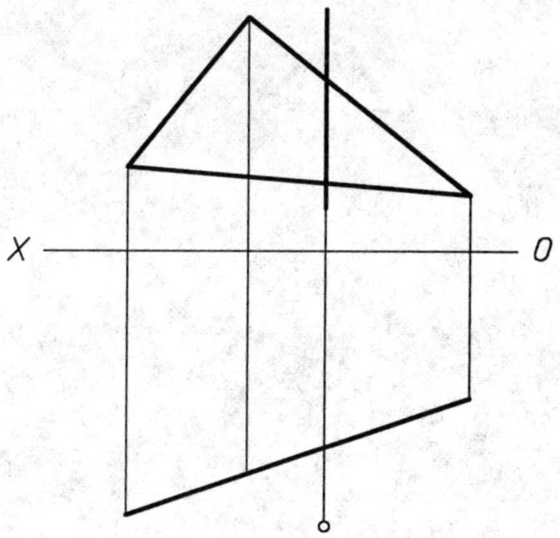

3-1 补全三棱柱及其上点和线段的投影。

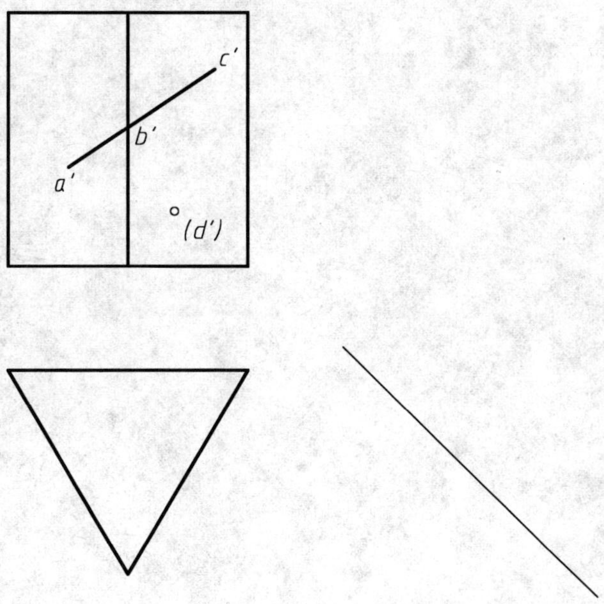

3-2 补全三棱锥及其上点和线段的投影。

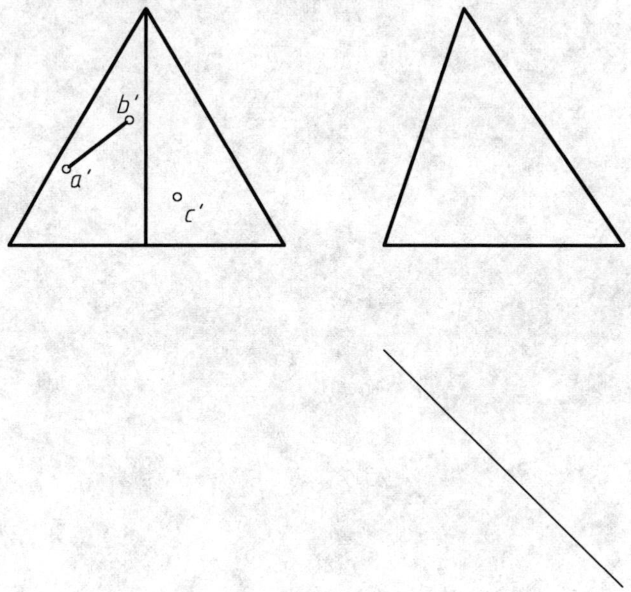

3-3 补全带缺口棱柱、棱锥的三面投影。

(1)

(2)

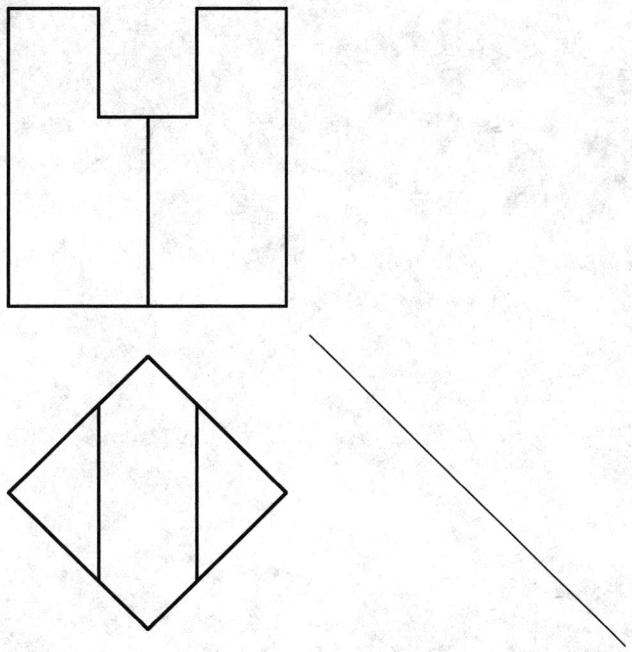

(3)

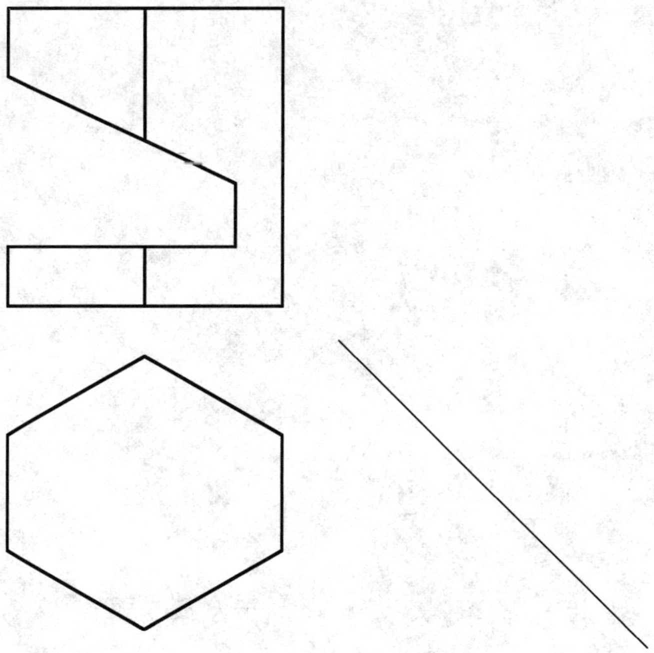

(4)

（5）

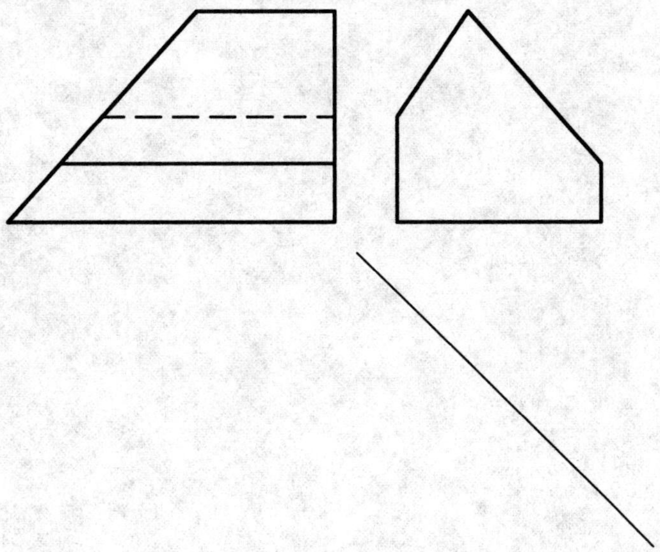

（6）

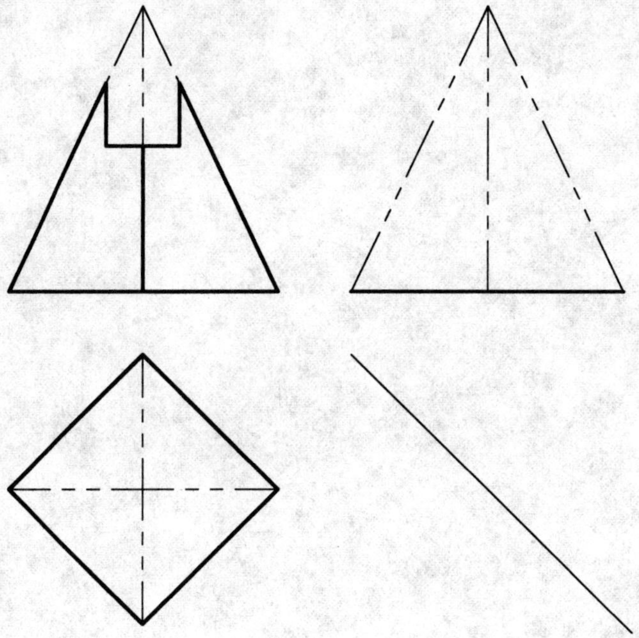

（7）

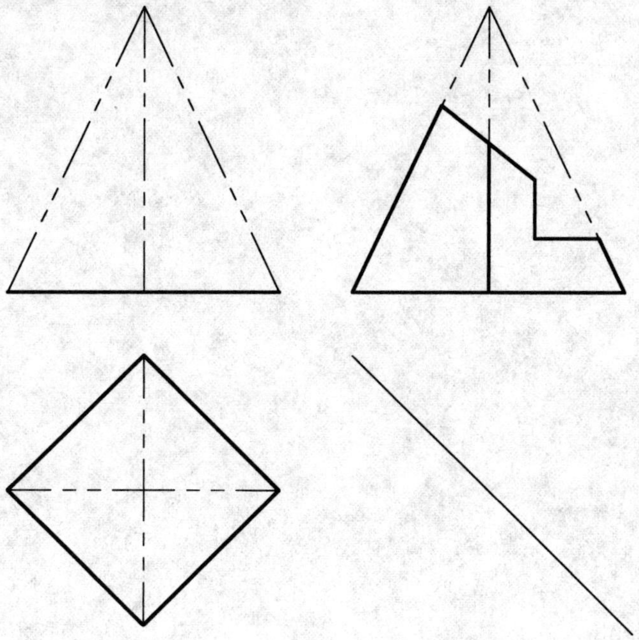

3-4 根据曲面立体表面上点的一面投影，补全其他两面投影。

（1）

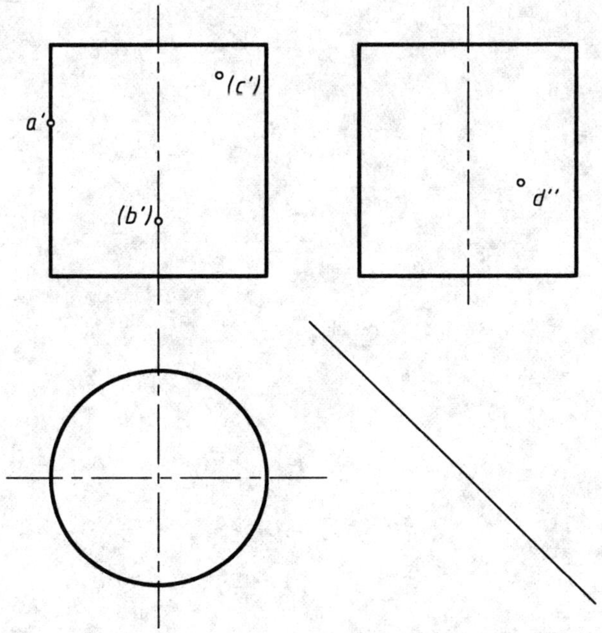

（2）

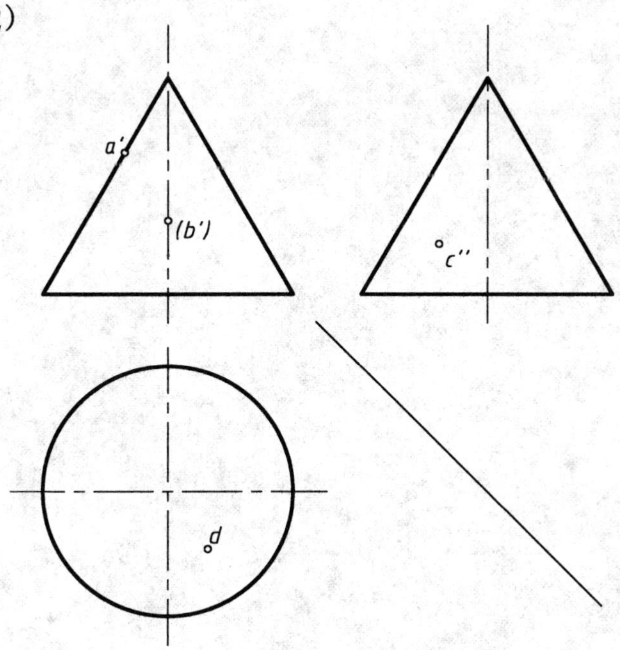

（3）

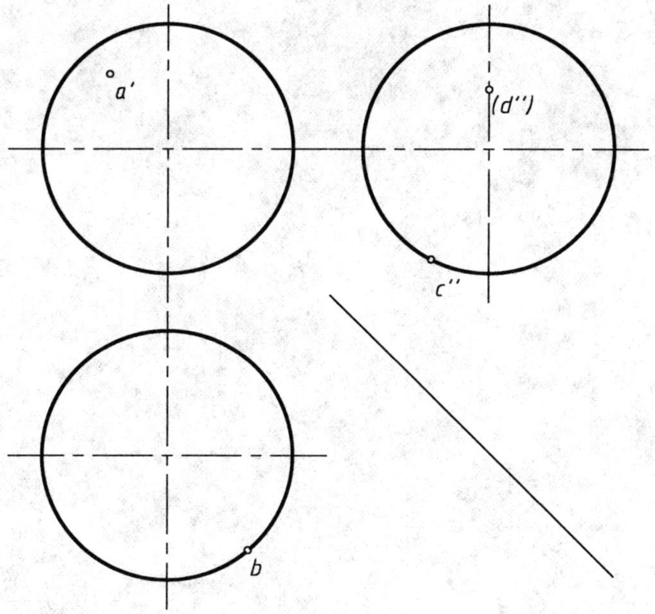

（4）

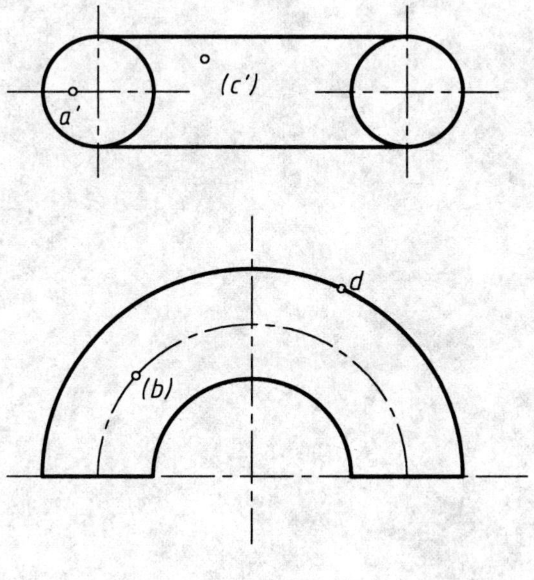

3-5 判别线段*LMN*是否在立体表面上；若不在，请根据主视图绘制正确的线段水平投影。

（1）

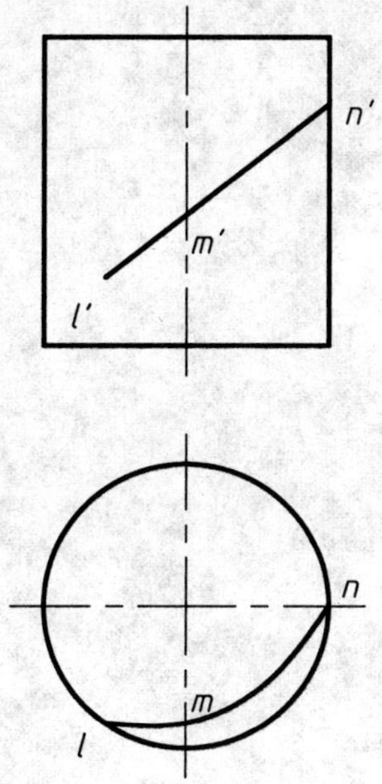

（2）

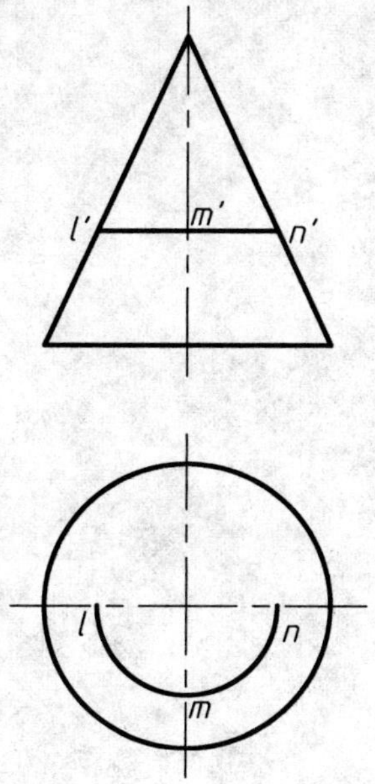

（3）

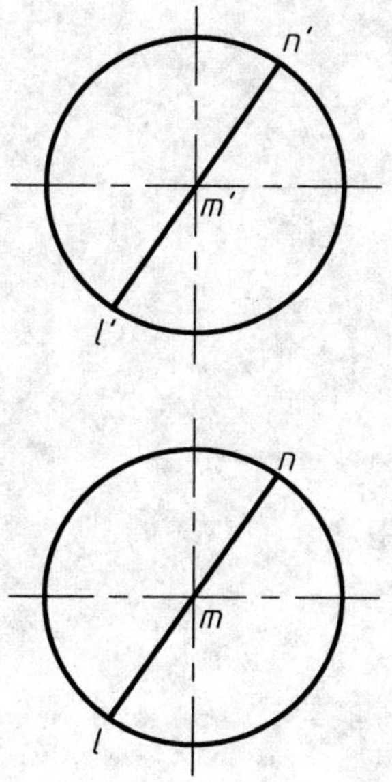

3-6 补全带缺口圆柱、圆锥、圆球的三面投影。

（1）

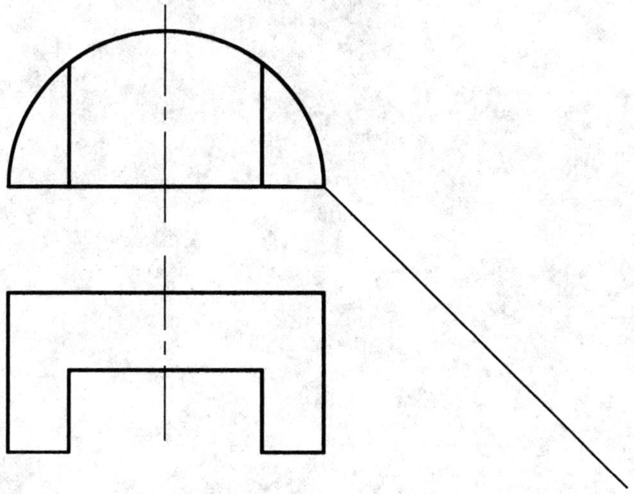

（2）

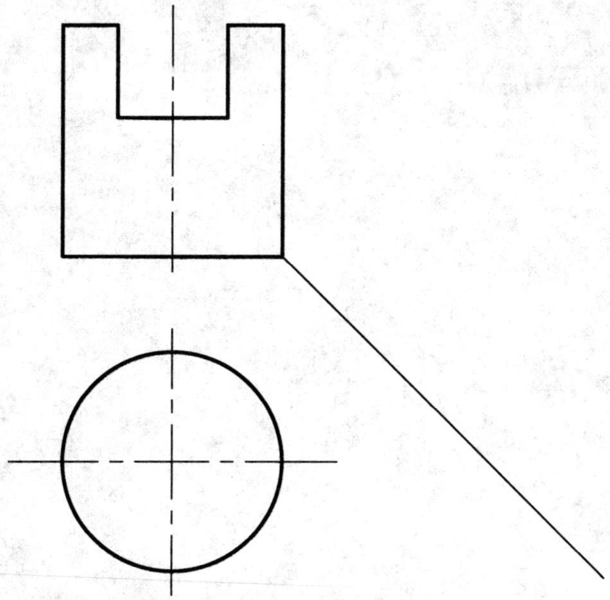

（3）

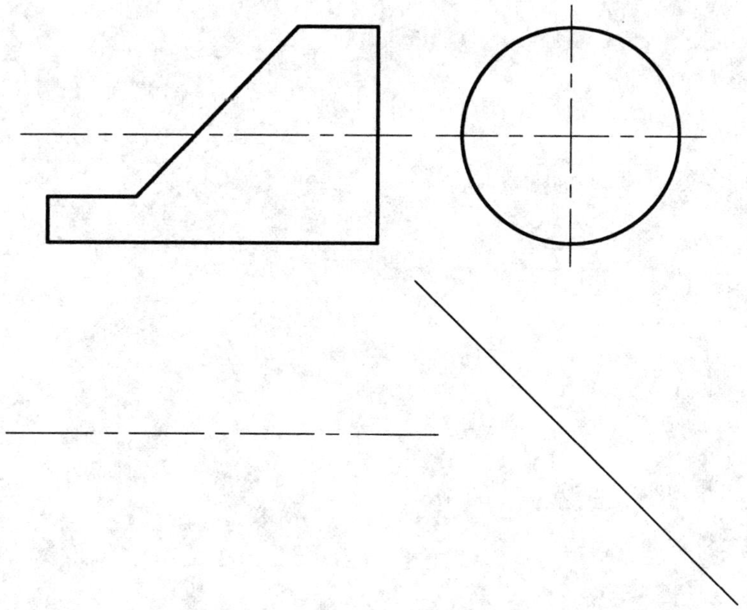

（4）

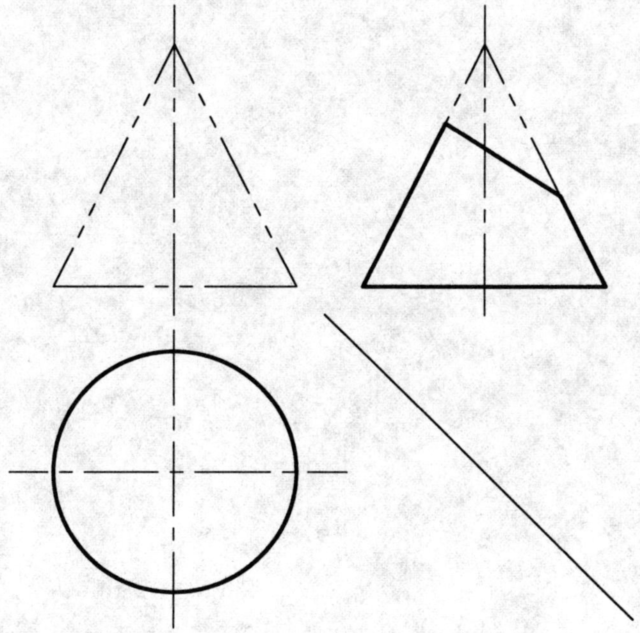

（5）

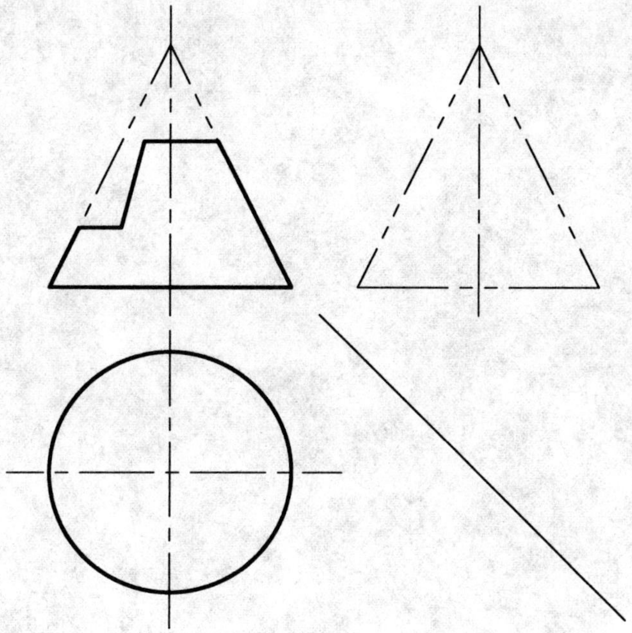

（6）

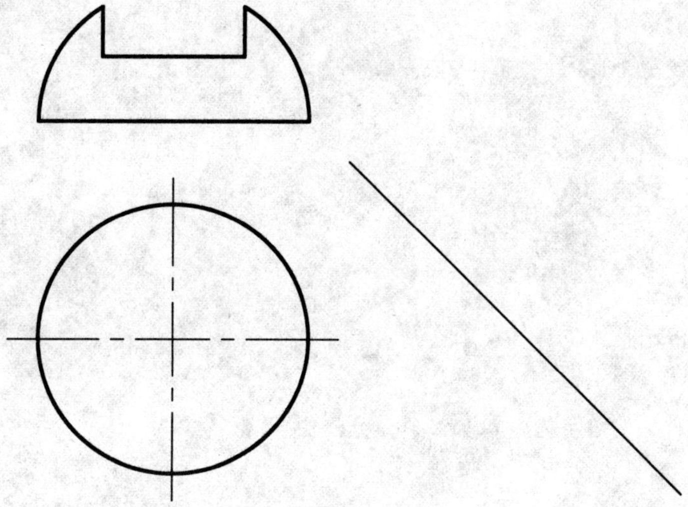

（7）

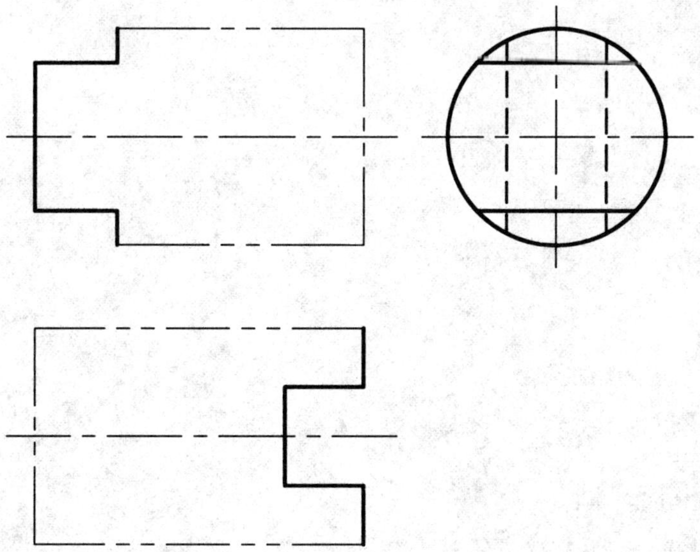

（8）

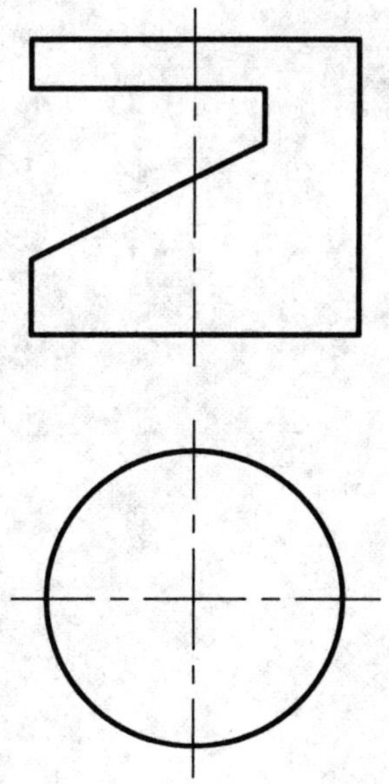

（9）

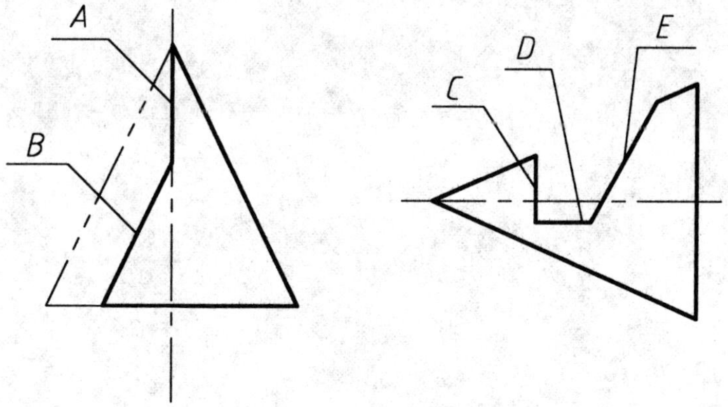

*A*截交线形状为 ________；

*B*截交线形状为 ________。

*C*截交线形状为 ________；

*D*截交线形状为 ________；

*E*截交线形状为 ________。

4-1 求两平面立体相贯线的投影。

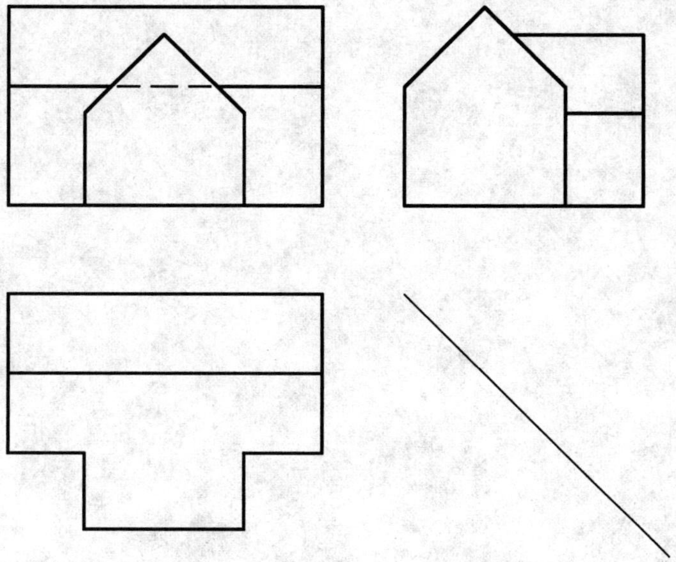

4-2 已知同坡屋面的坡度为30°，求作屋面的两面投影。

（1）

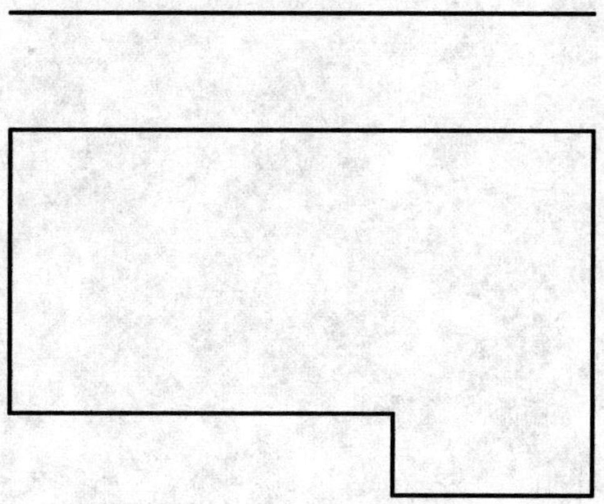

（2）

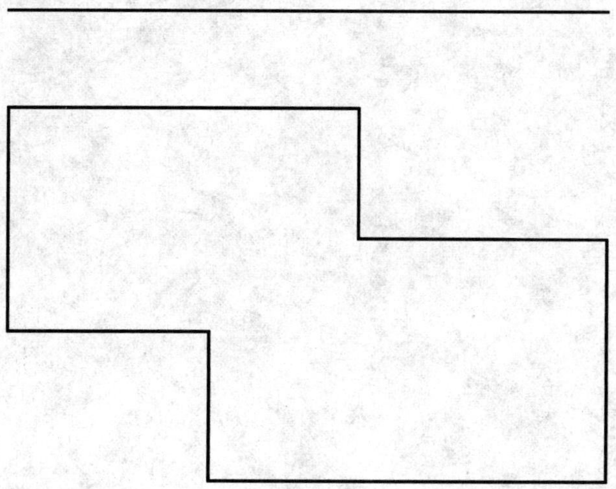

4-3 补全平面立体与曲面立体相贯后的投影。（要求每条非圆曲线求一个中间点，保留作图线）

（1）

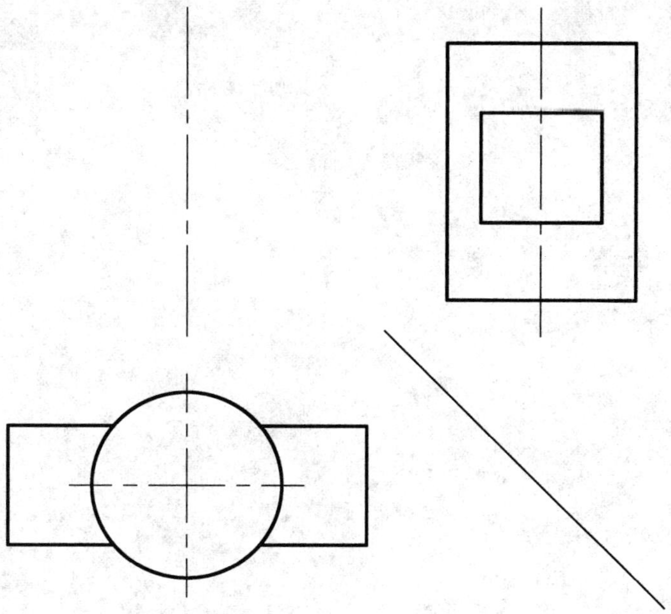

（2）

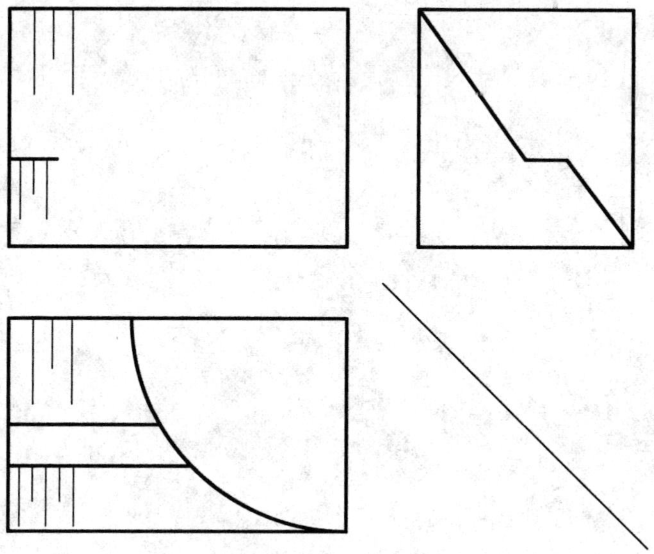

（3）

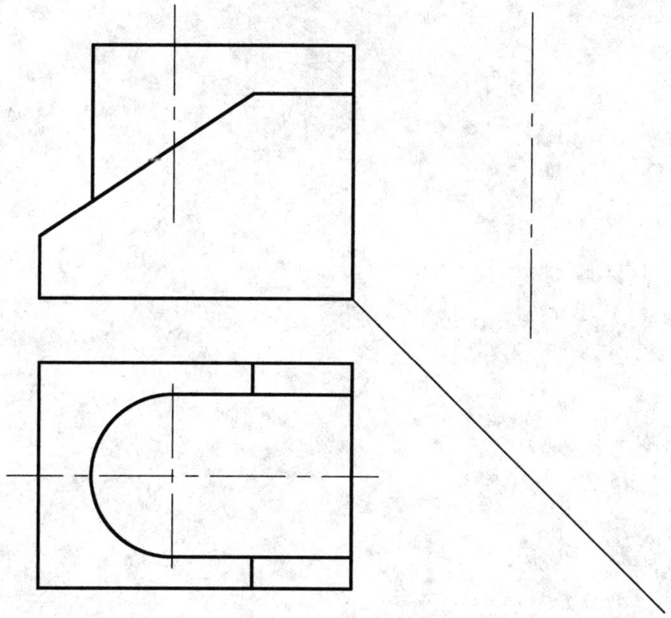

4-4 求下列两等直径圆柱的相贯线。

(1)

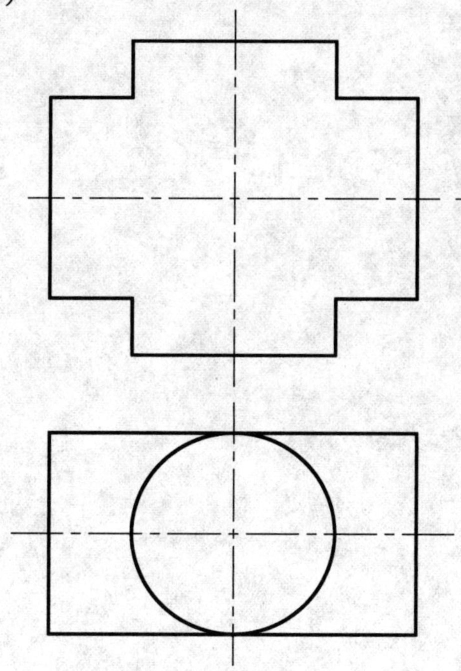

(2)

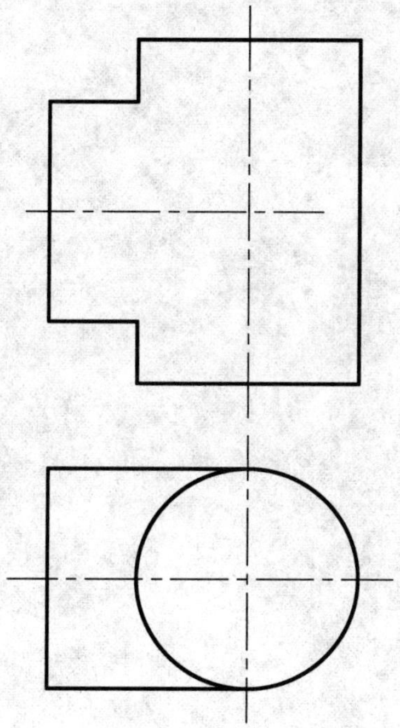

(3)

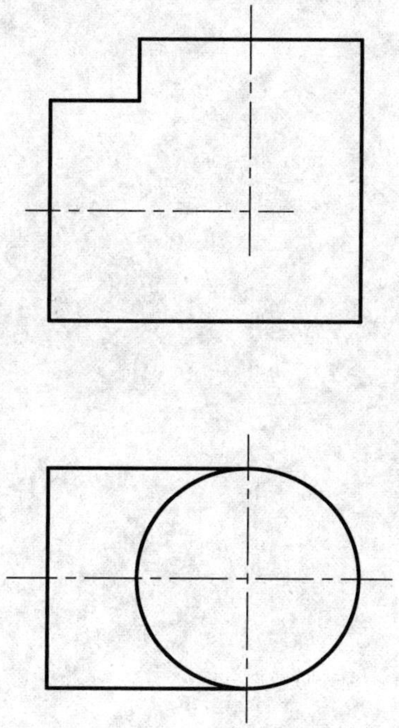

4-5 求两曲面立体的相贯线。

(1)

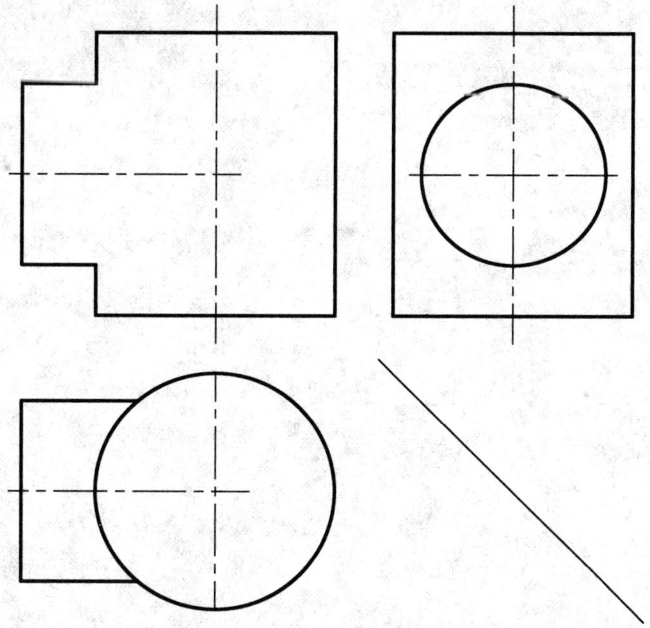

(2)

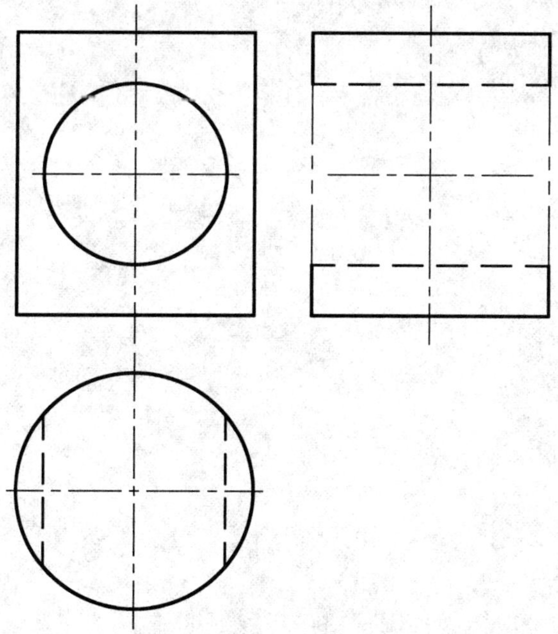

4-6 求形体内外表面的相贯线。

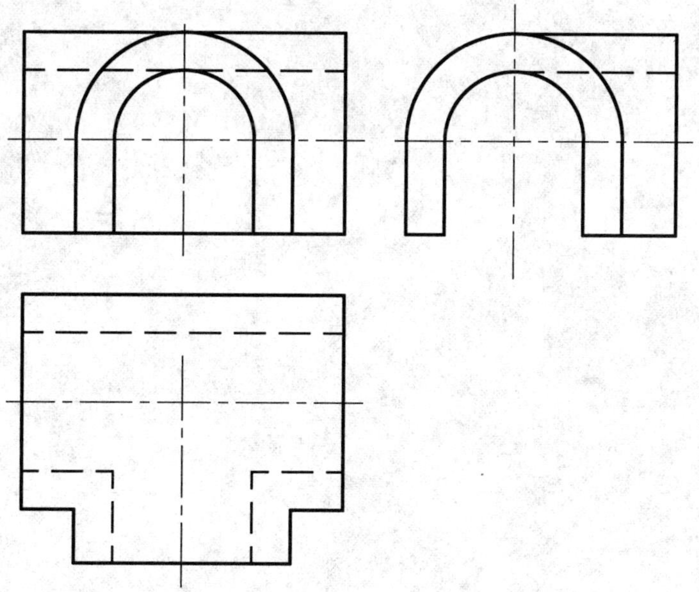

5-1 从直观图中量取尺寸，绘制下列组合体的三视图。

(1)

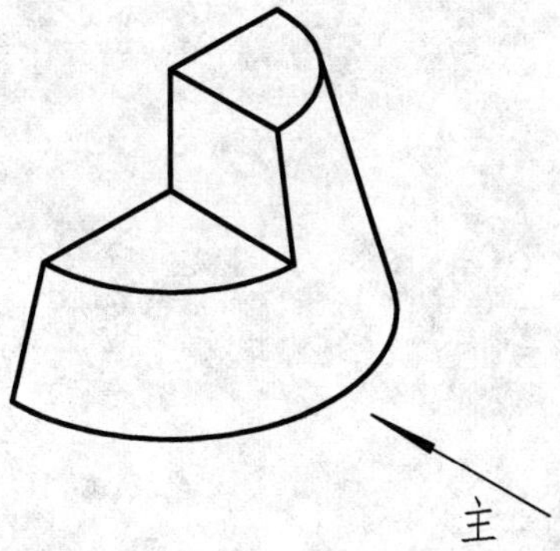

(2)

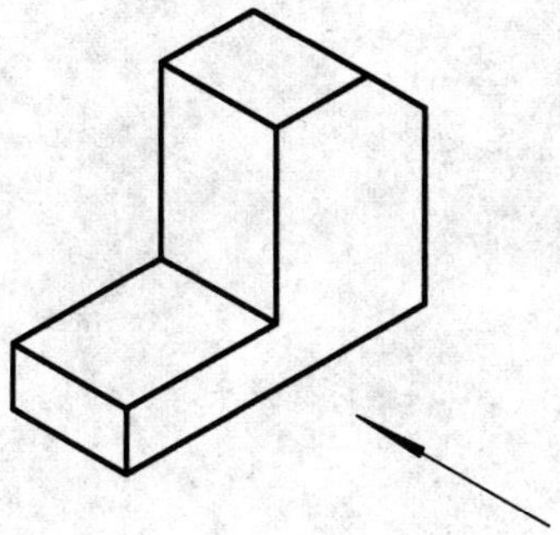

(3)

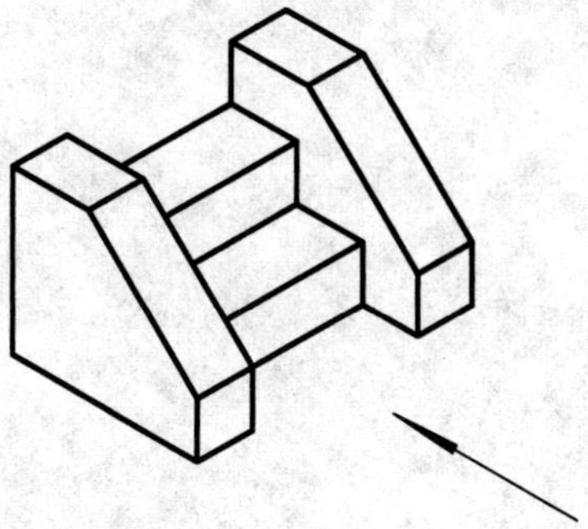

(4)

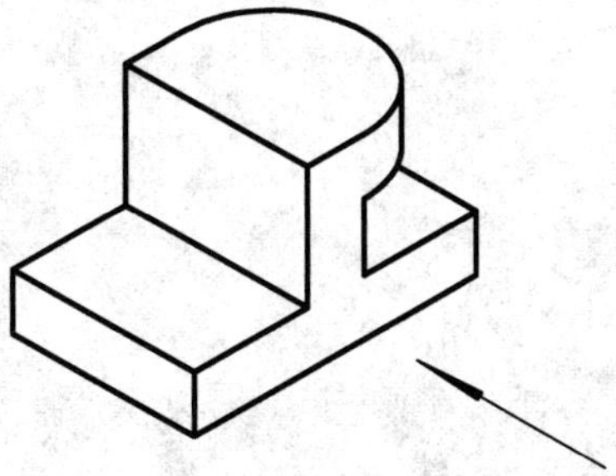

(5)

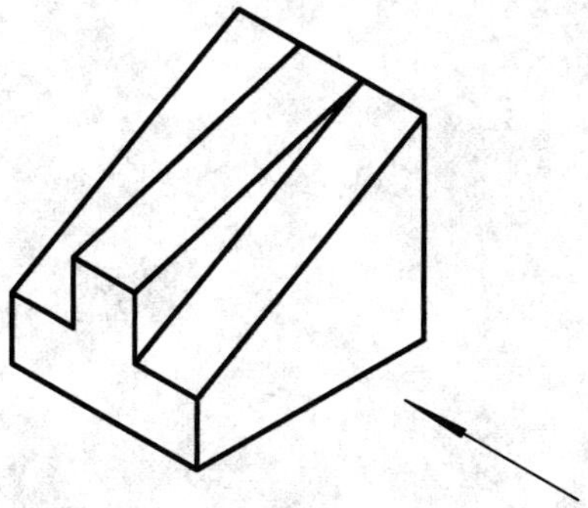

(6)

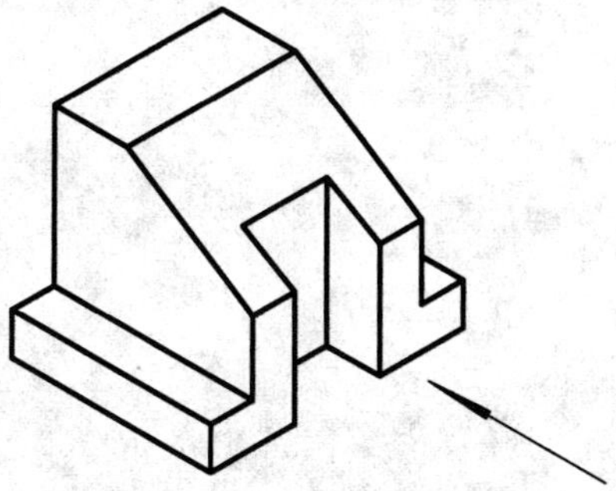

（7）

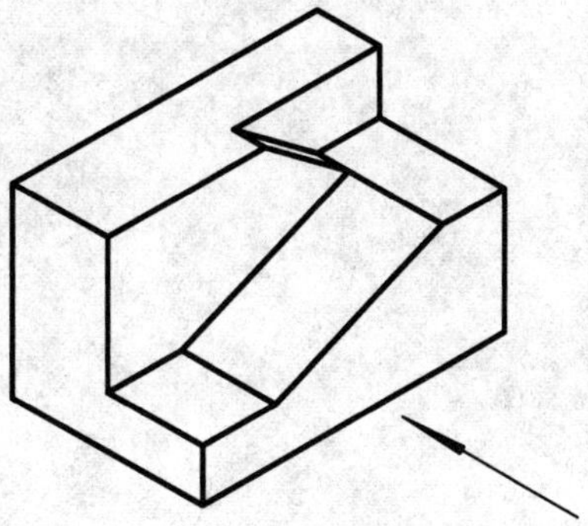

（8）

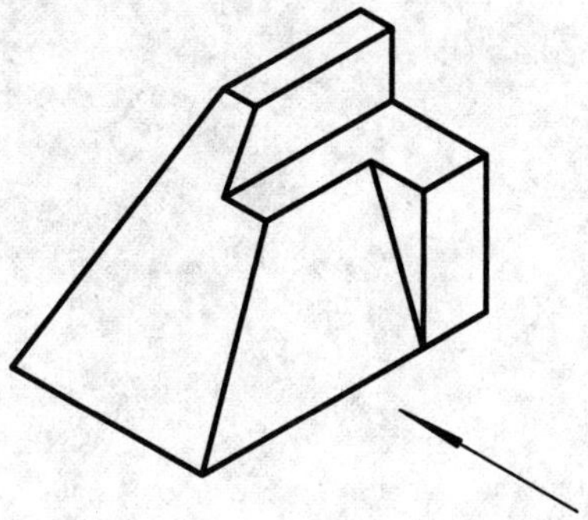

（9）

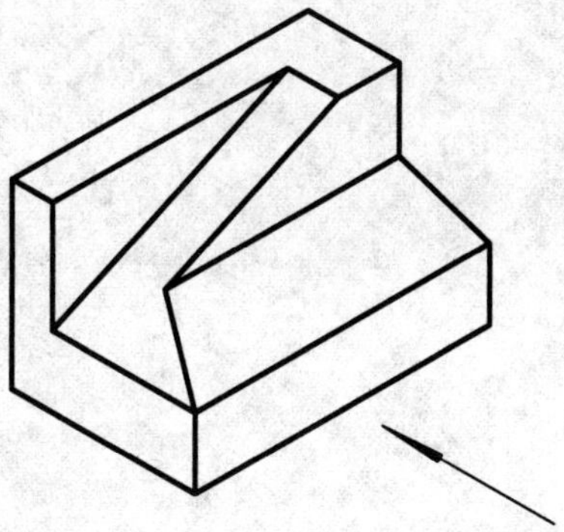

（10）

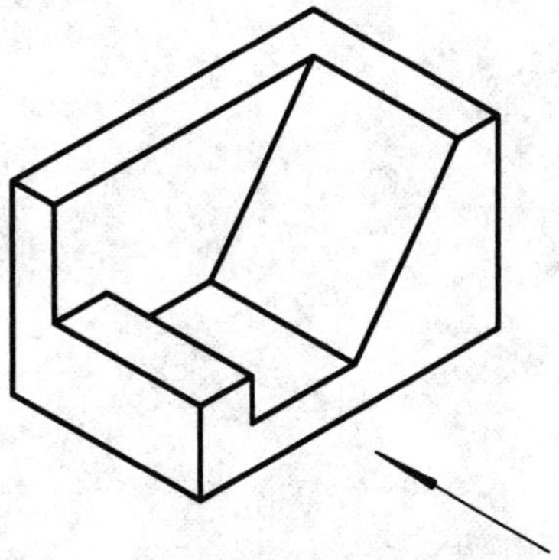

（11）

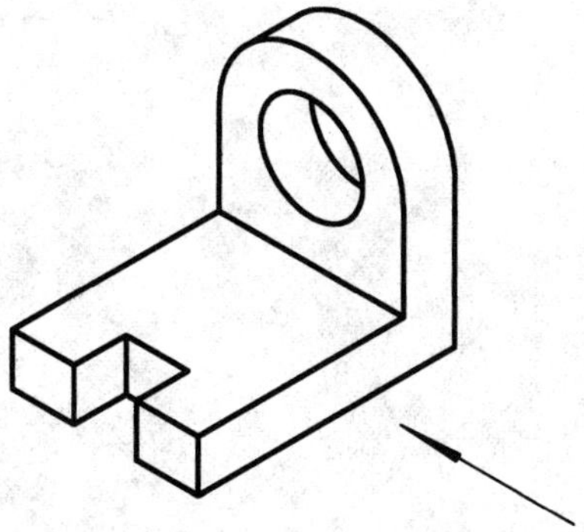

（12）

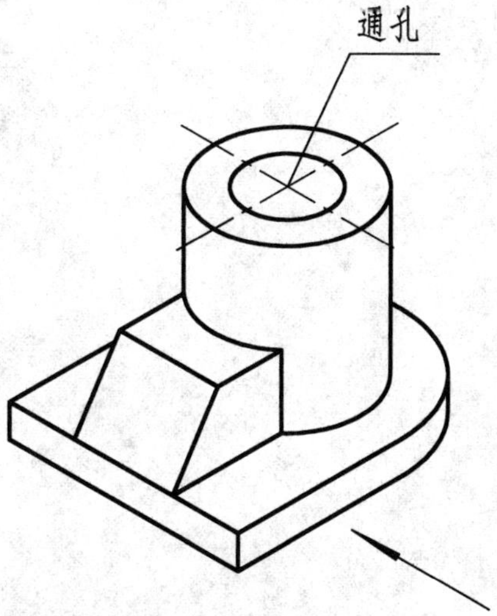

5-2 已知组合体的两面投影，画出其第三面投影。

（1）

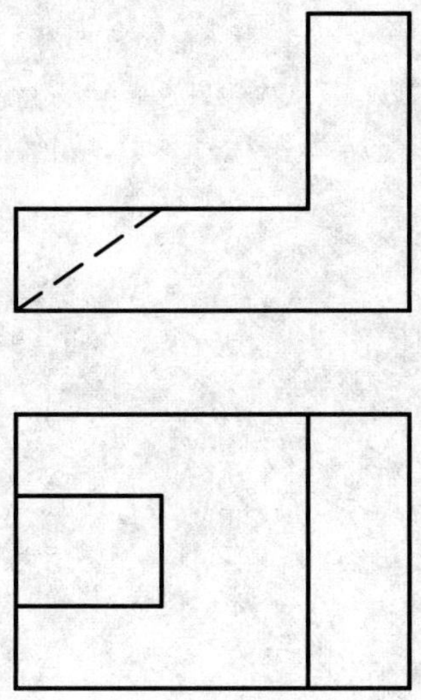

（2）

（3）

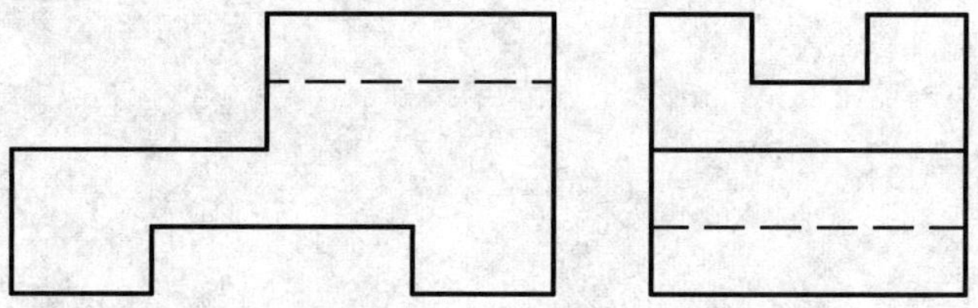

（4）

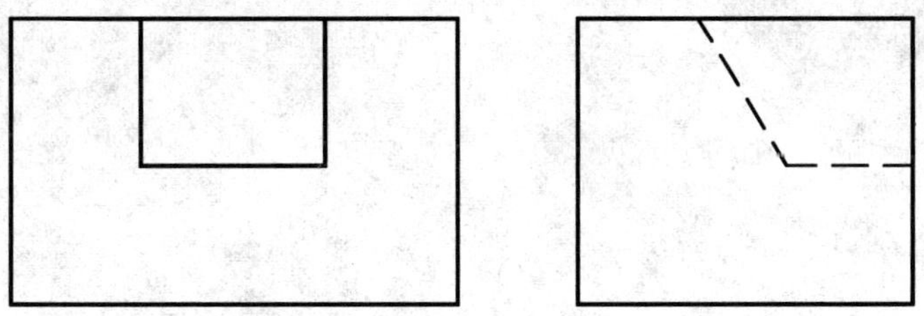

（5）

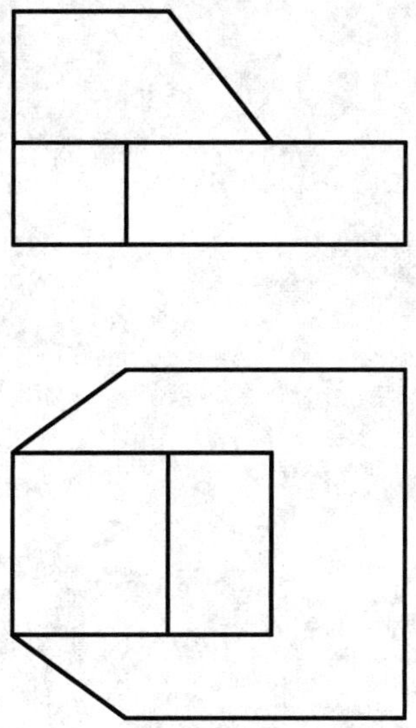

（6）

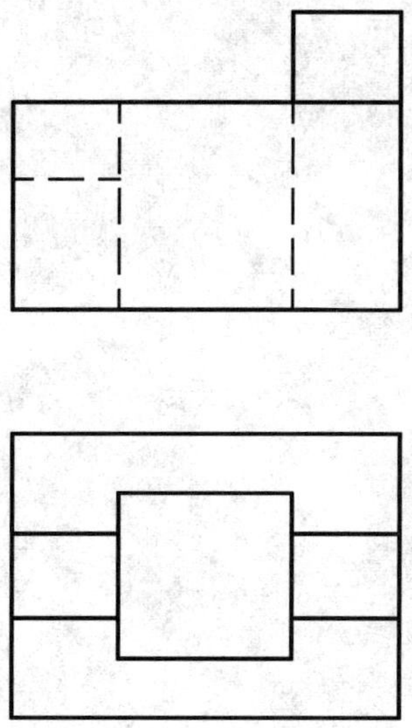

（7）

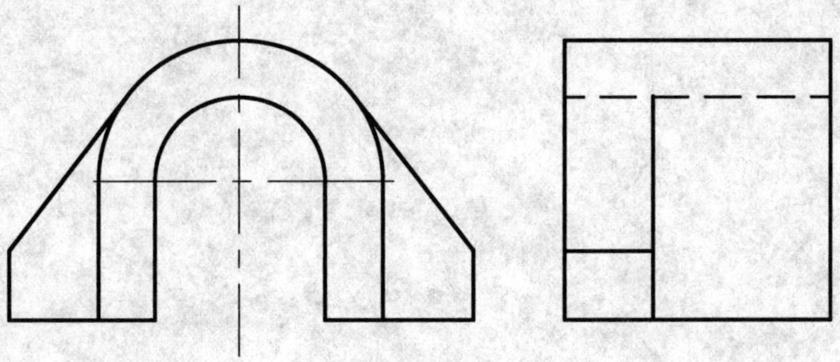

（8）

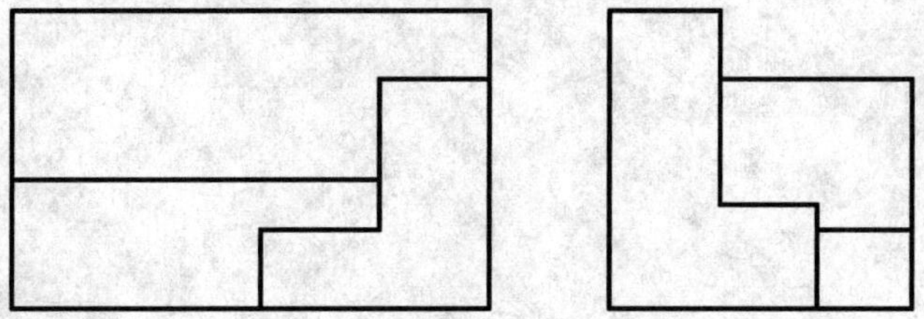

（9）

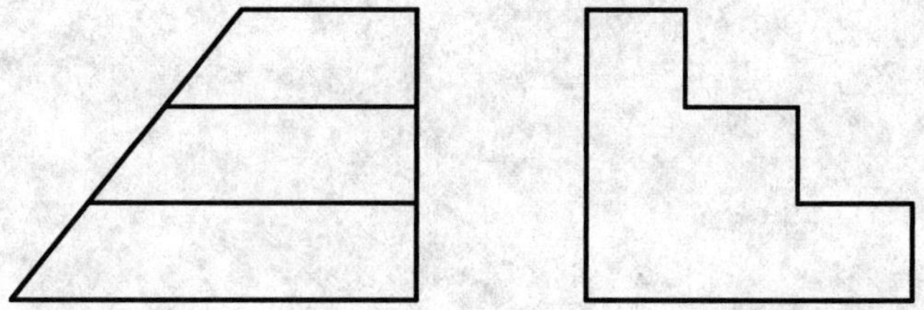

（10）

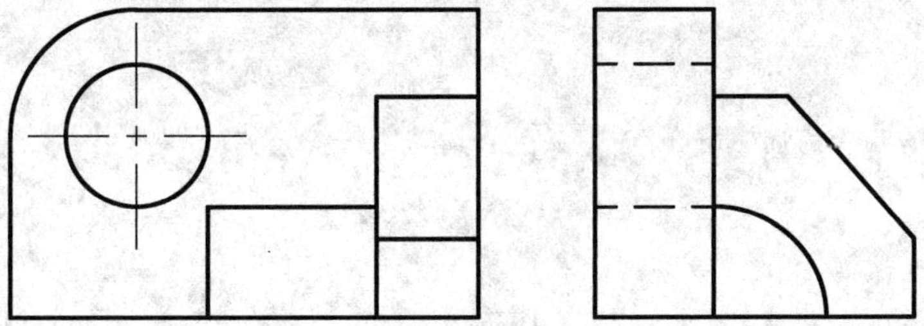

（11）

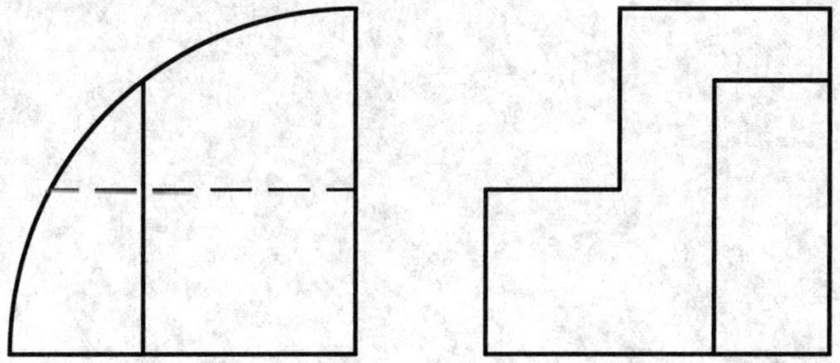

（12）

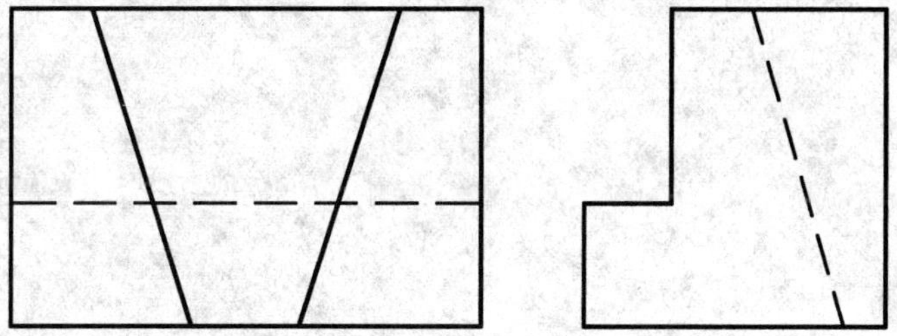

（13）

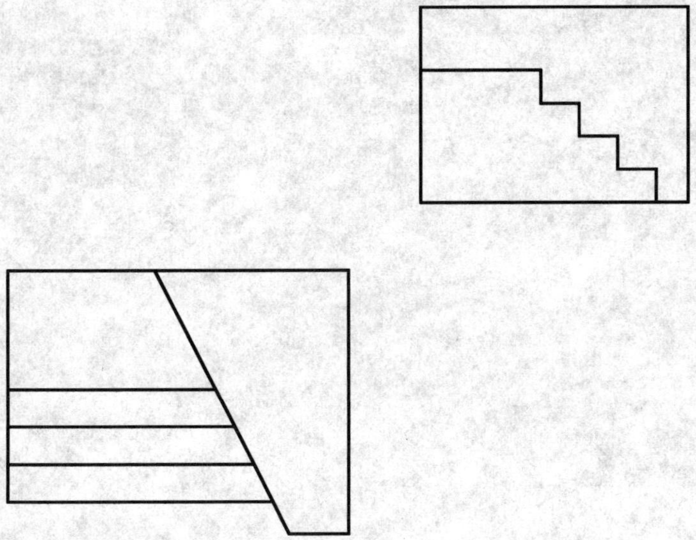

（14）

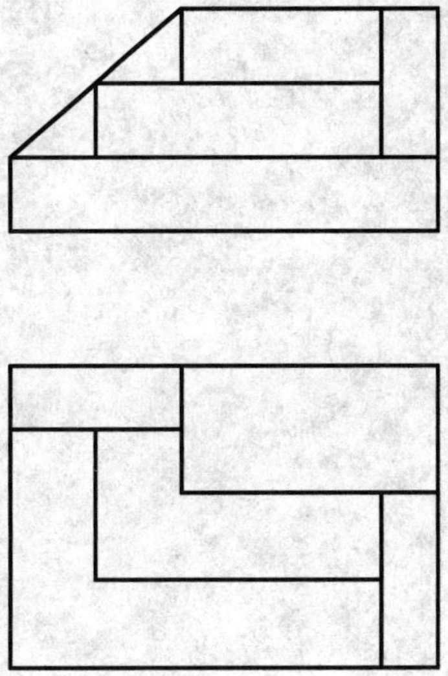

（15）

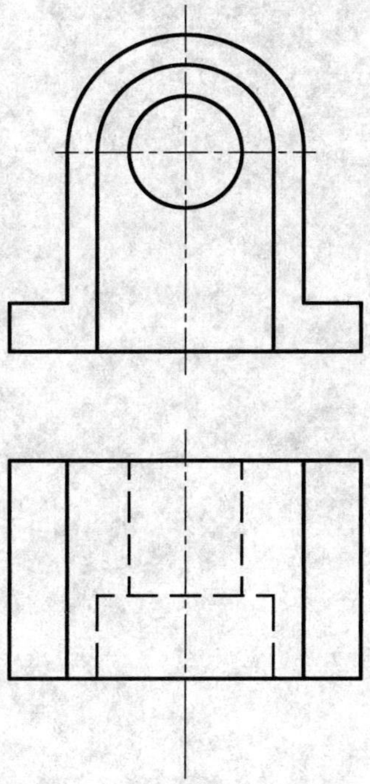

（16）

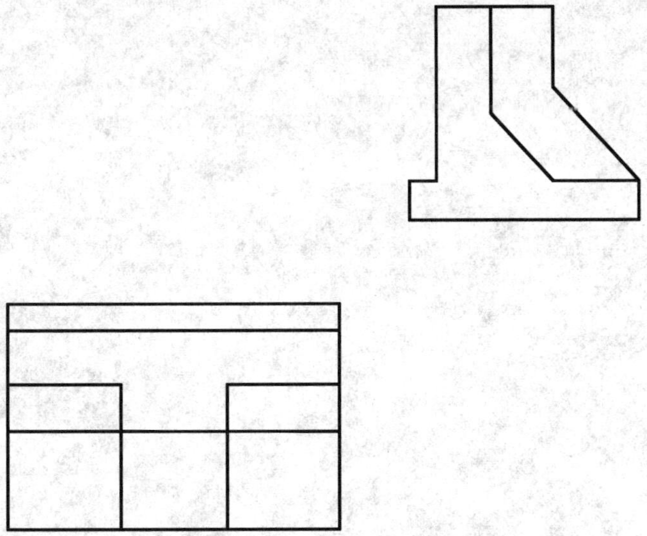

（17）

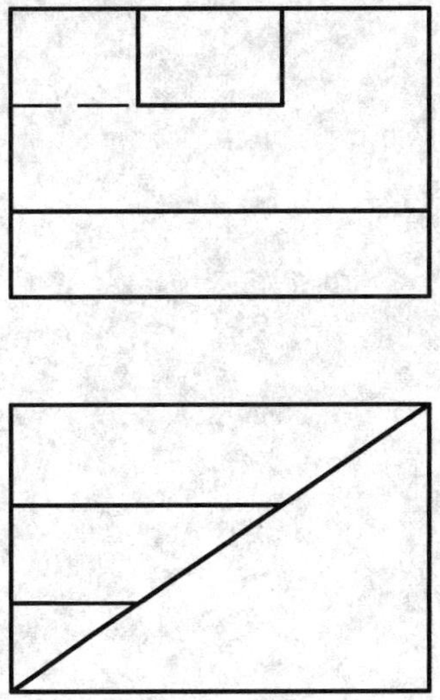

（18）

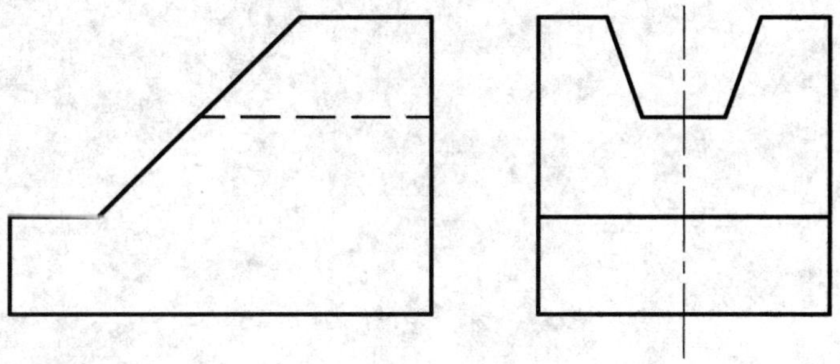

5-3 补全组合体三面投影中所缺的图线。

(1)

(2)

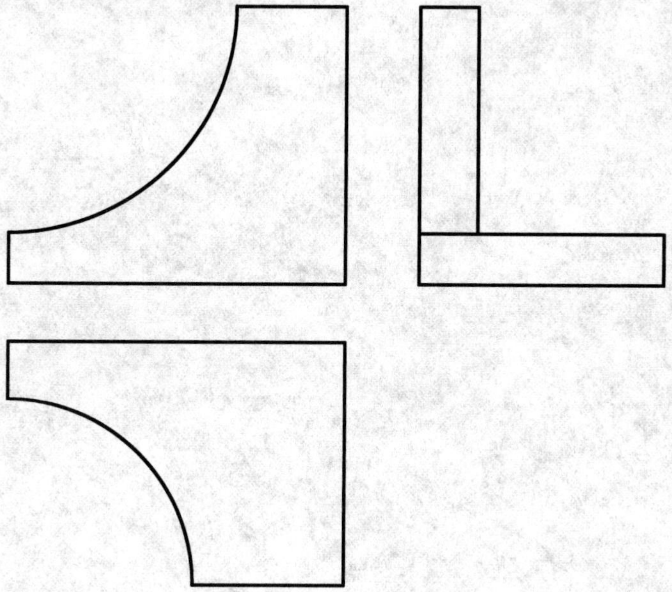

(3)

(4)

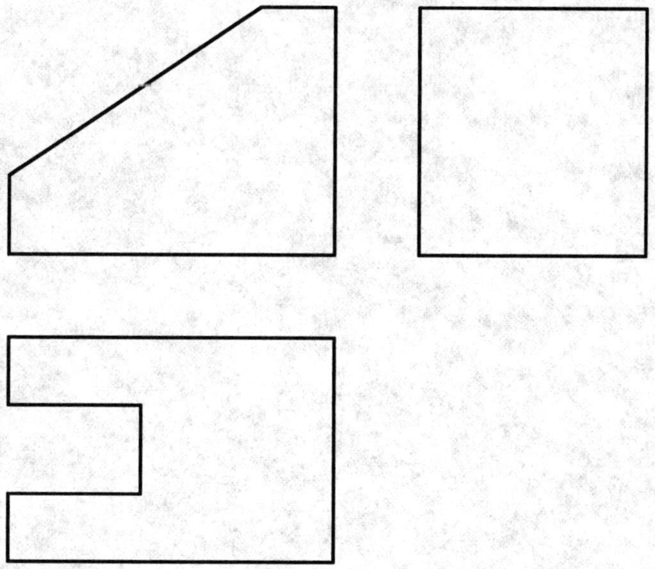

(5)

(6)

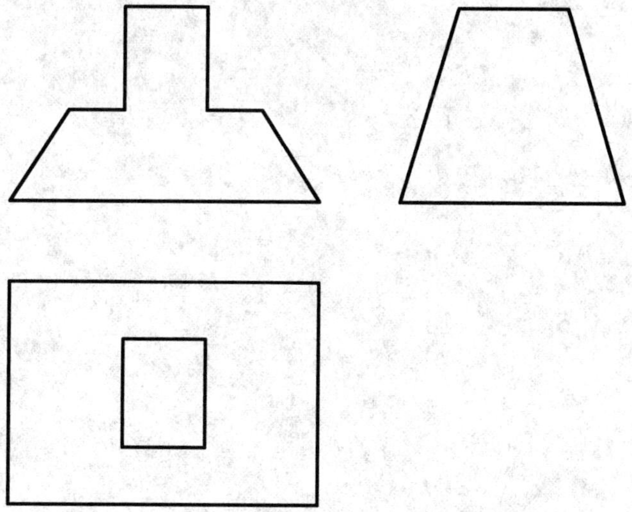

5-4 根据形体的两面投影，在正确的第三面投影下打勾。

（1）

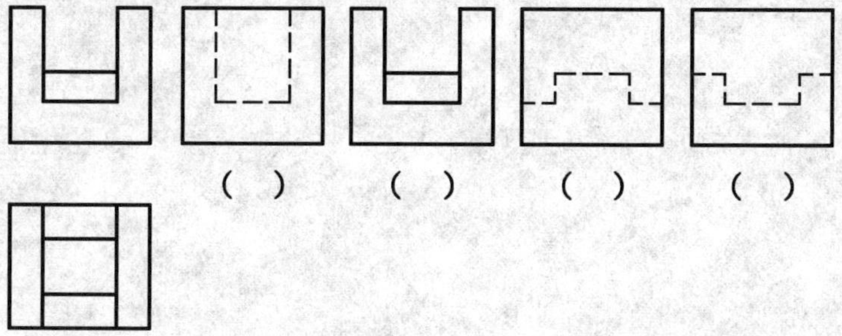

（2）

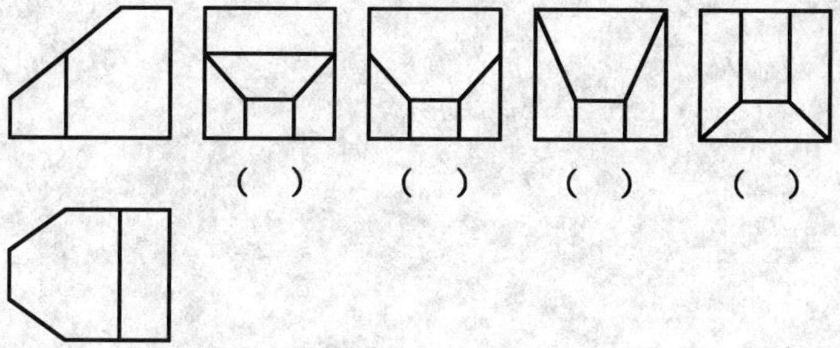

（3）

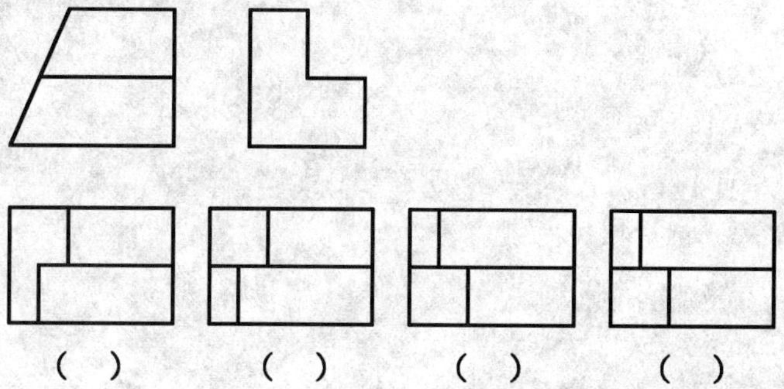

（4）

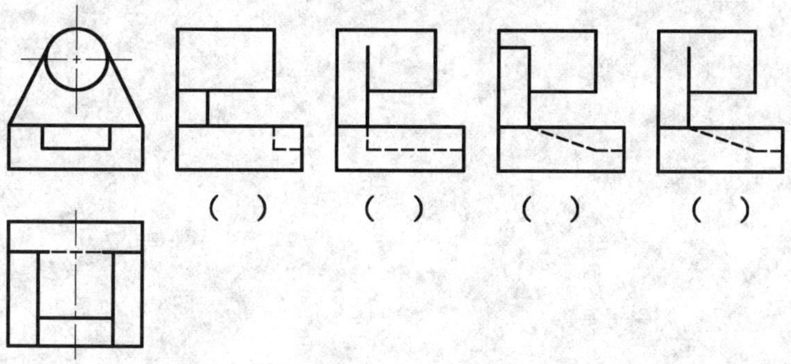

（5）

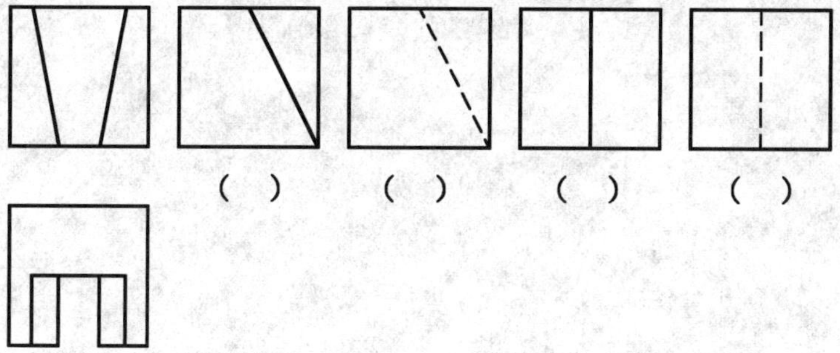

（6）

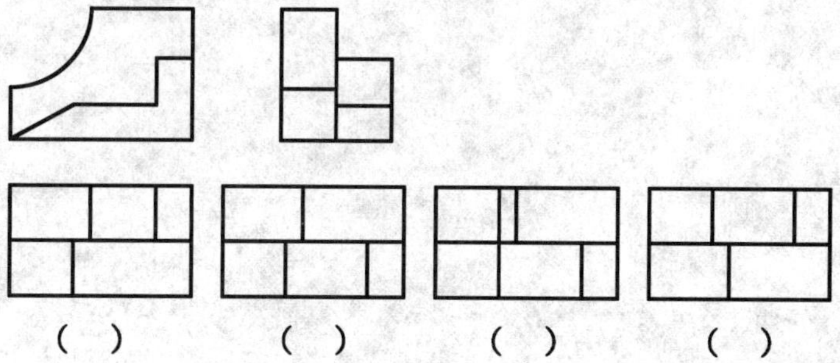

（7）

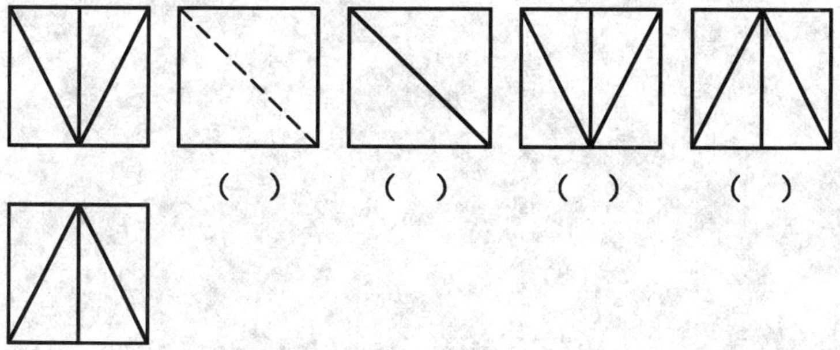

（8）

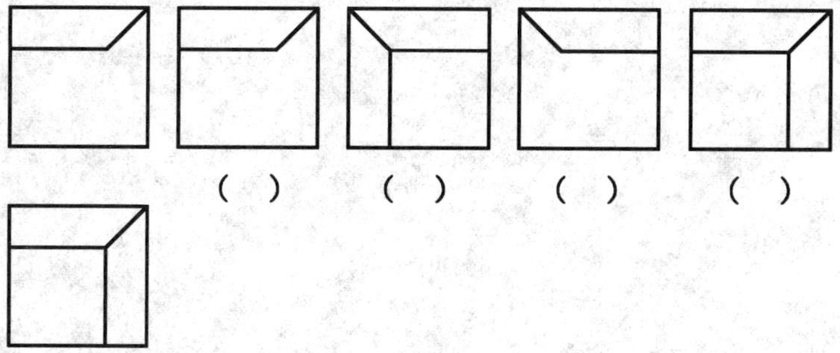

（9）

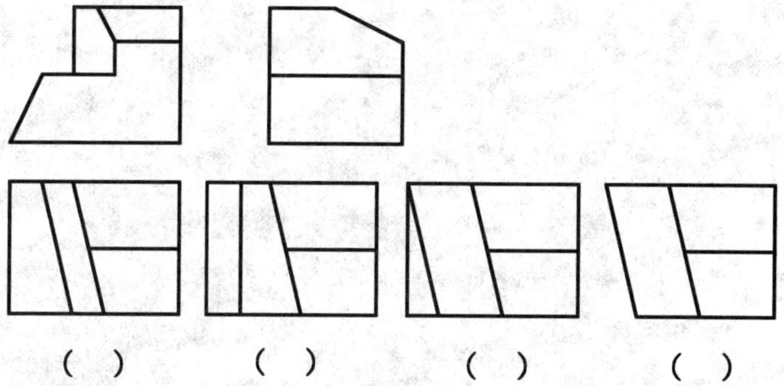

5-5 根据给定的视图，构思不同形体，至少画出三个左视图。

（1）

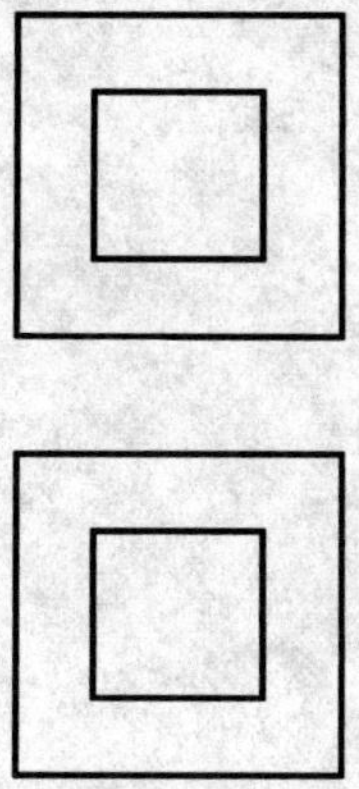

（2）

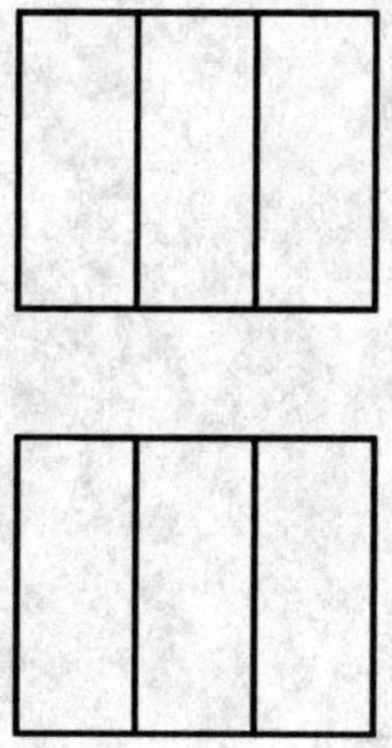

5-6 根据给定俯视图，构思不同形体，画出四个主视图。

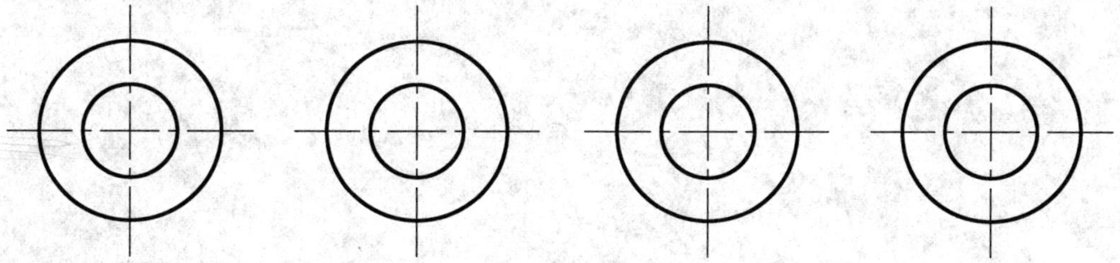

5-7* 平板上有不同形状的三个孔，设计一个能堵塞且穿过三个孔的塞块，画出塞块的三面图。

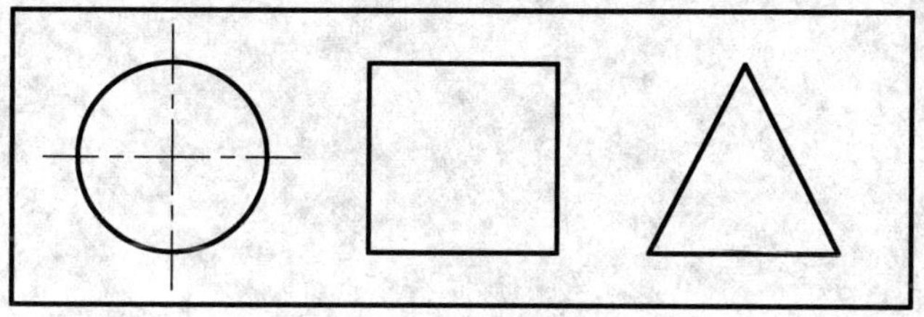

5-8 根据组合体的直观图，用1:50的比例在A3图纸上画三视图，要求投影正确，尺寸齐全，图面清晰。

（1）挡土墙

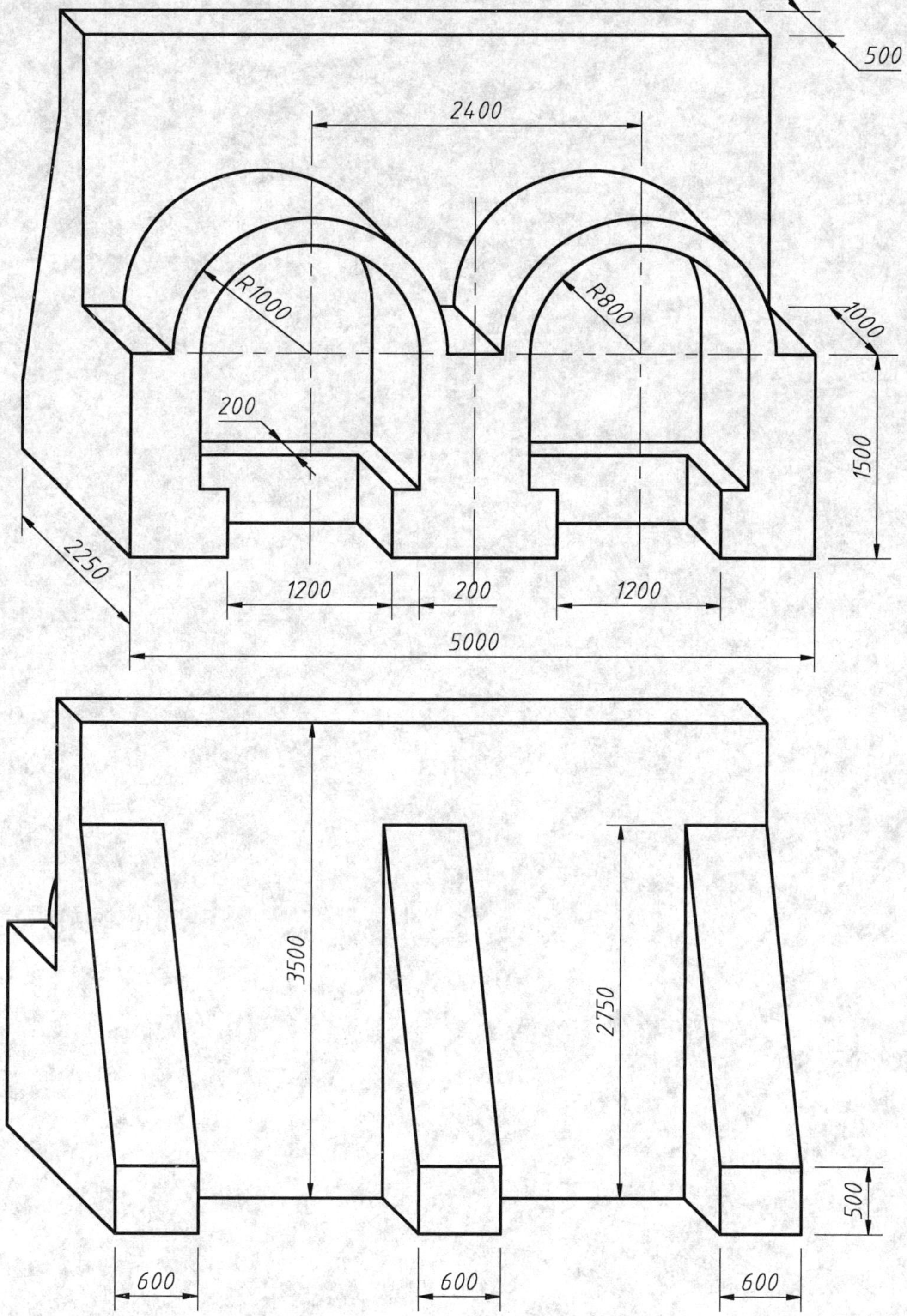

（2）水闸

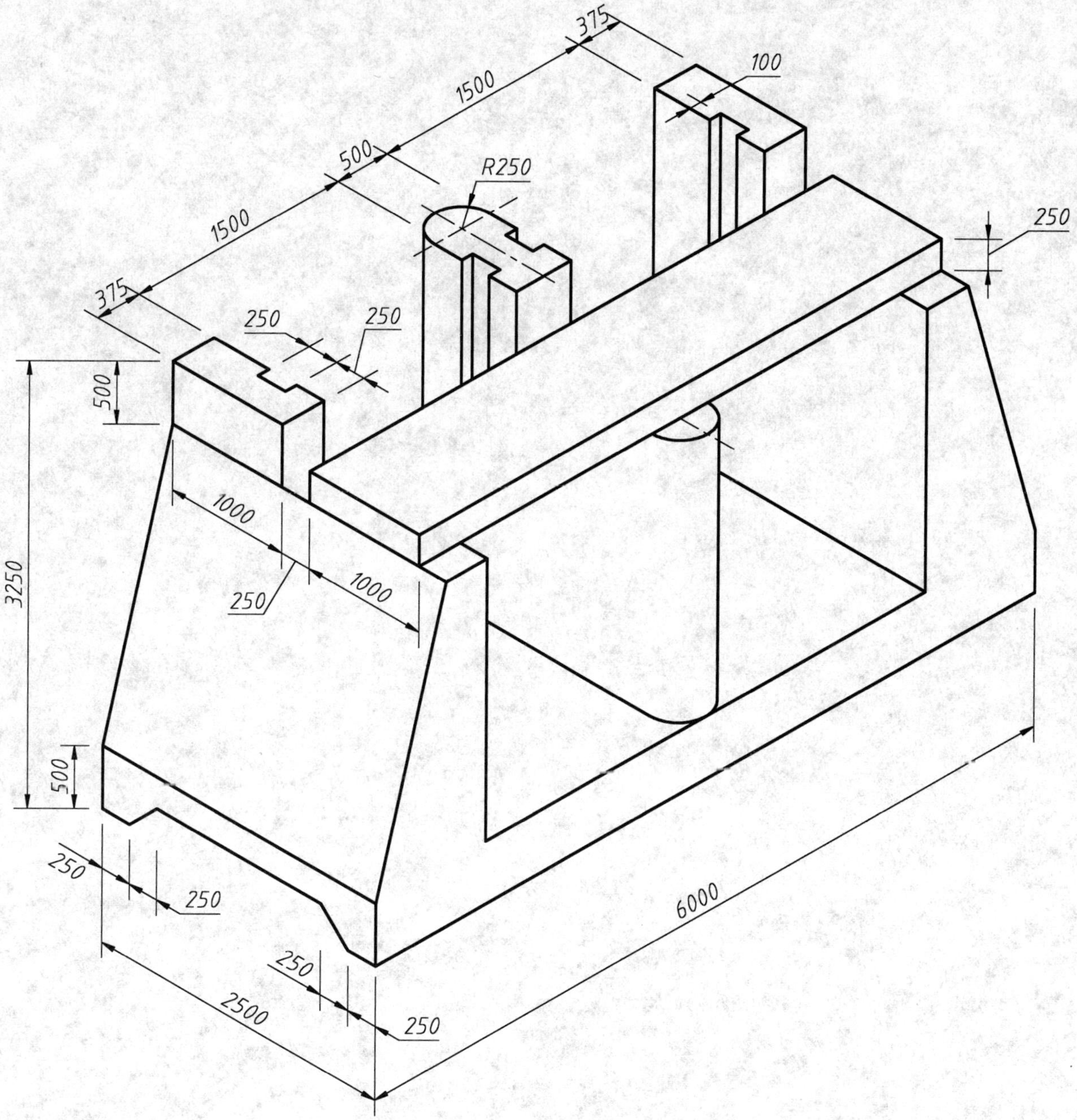

6-1 用简化伸缩系数画正等轴测图。

(1)

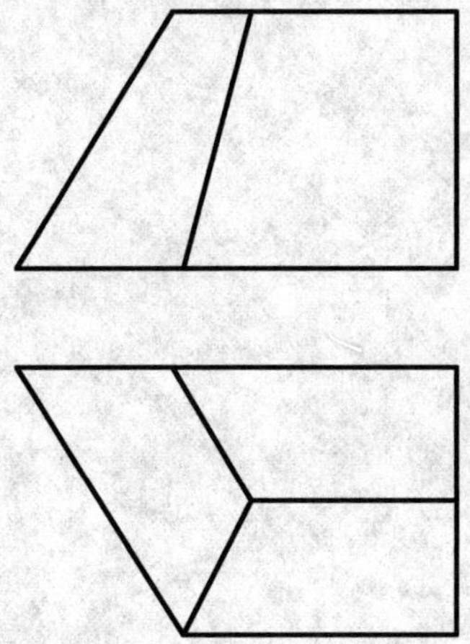

(2)

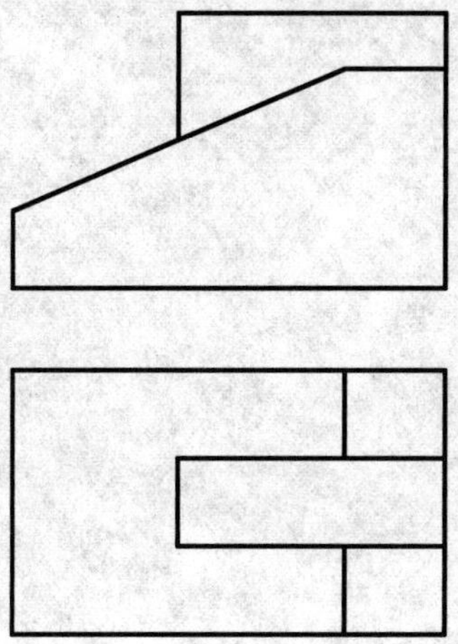

(3)

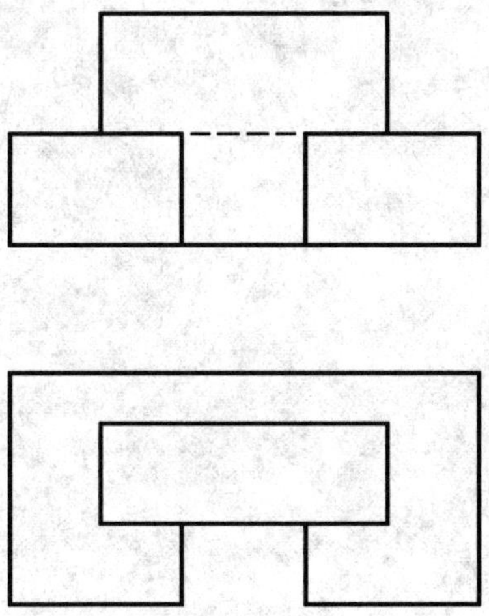

(4)

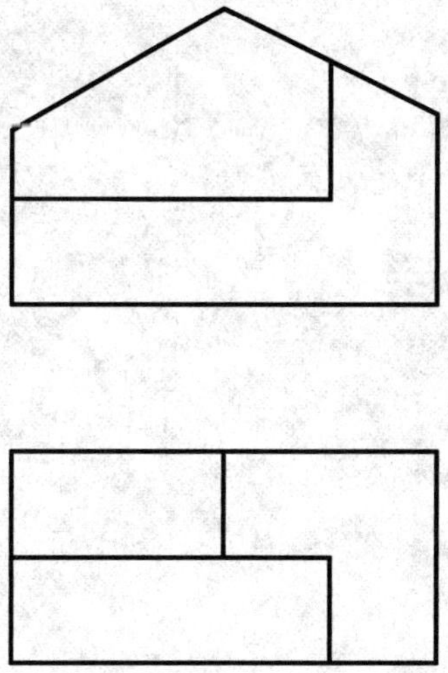

6-2 作出下列曲面体的正等轴测图。

(1)

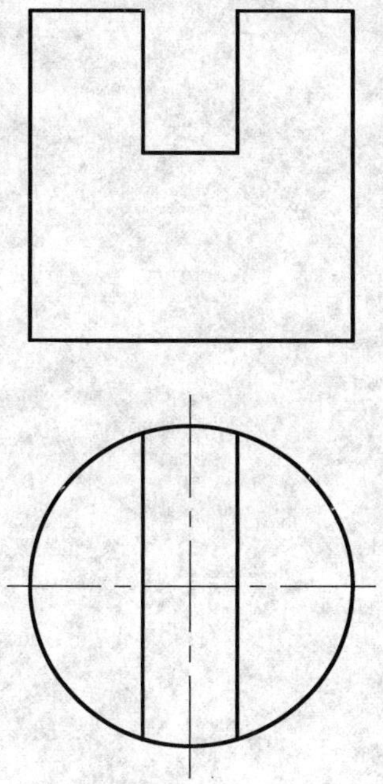

(2)

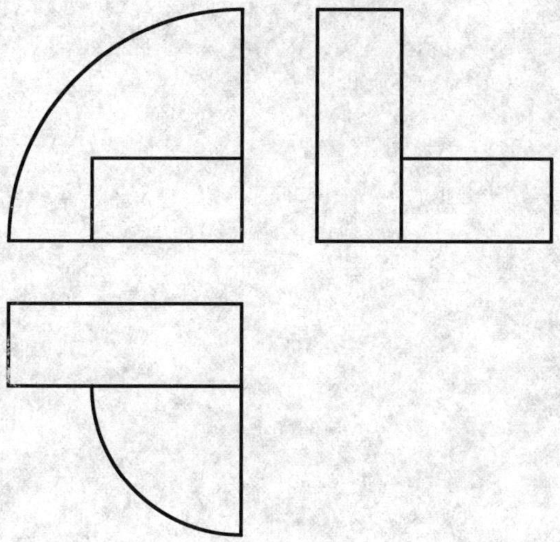

6-3 作出梁板柱的仰视正等轴测图。（断面处画钢筋混凝土图例线）

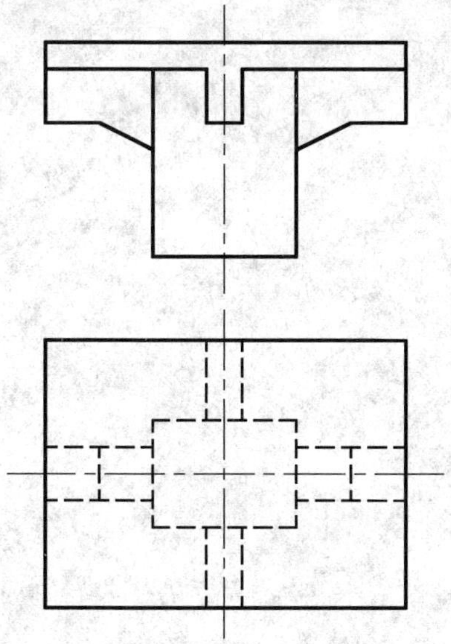

6-4* 采用四分之一剖切，画出基础的剖切正等轴测图。（剖切断面绘制钢筋混凝土图例线）

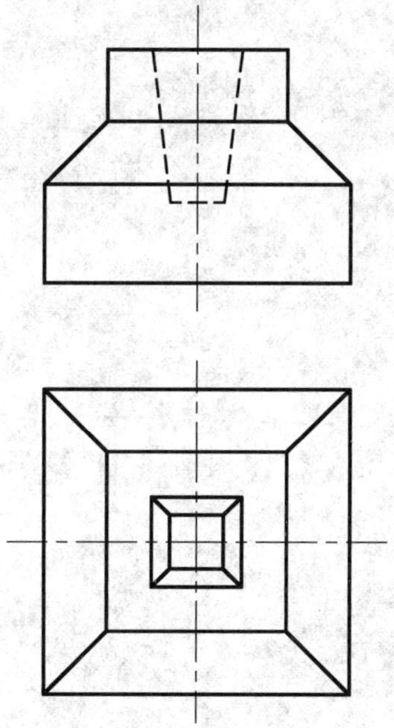

6-5 作出下列形体的正面斜二测投影图。

（1）

（2）

（3）

（4）

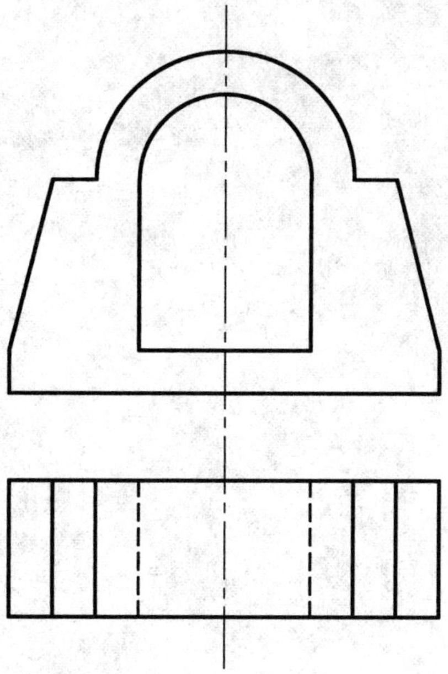

6-6 根据挡土墙的主视图和左视图，补画俯视图，并绘制其斜二测投影图。

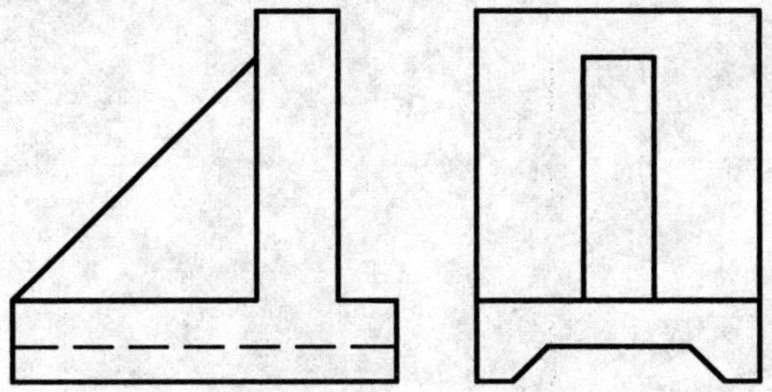

6-7 选择合适的角度，绘制组合体的正面斜二测轴测图。

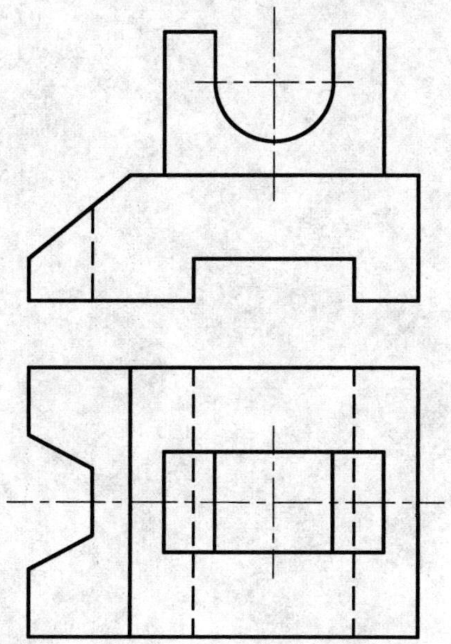

6-8 绘制闸墩的正等轴测图。

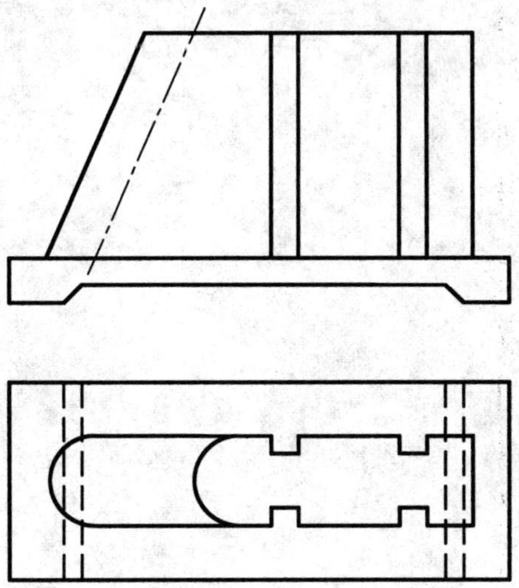

6-9 补画视图中所缺图线，并用简化伸缩系数画正等轴测图。

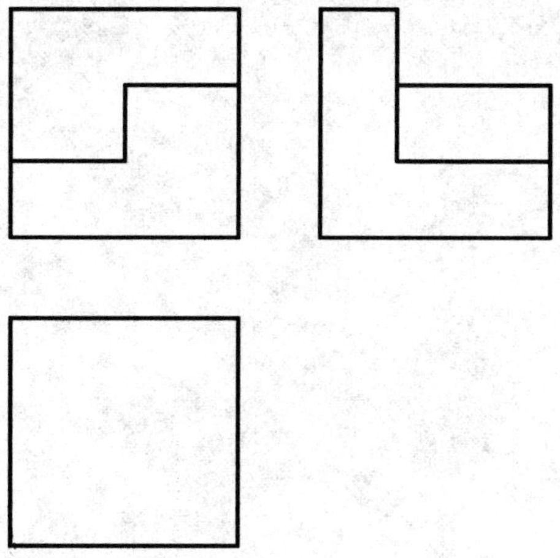

7-1 补全1-1剖视图中遗漏的图线。

(1)

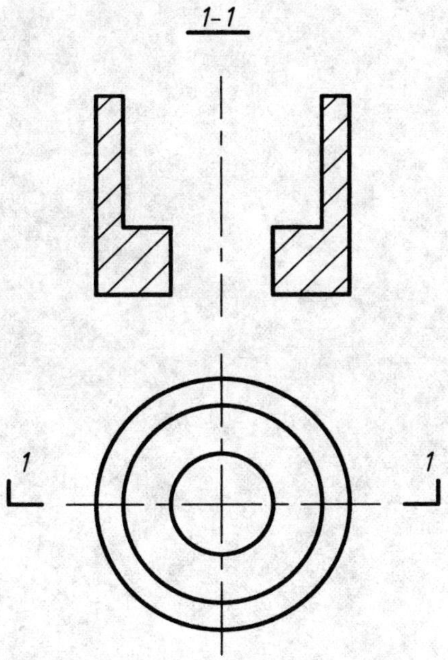

(2)

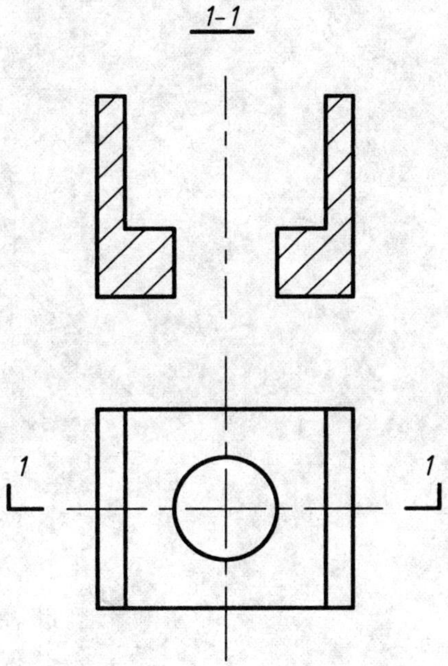

(3)

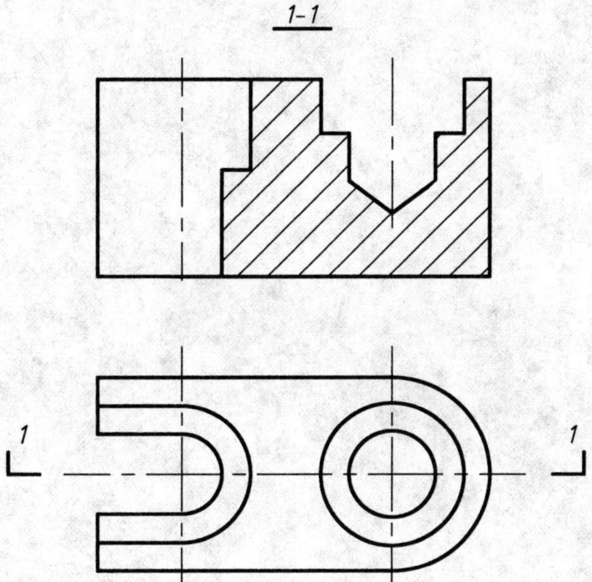

(4)

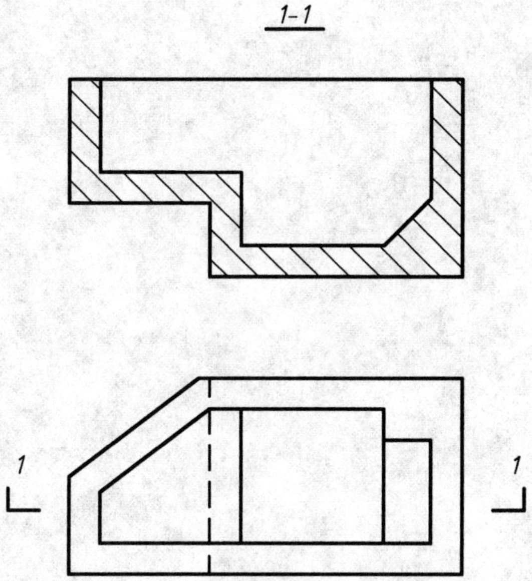

7-2 补画组合体的1-1全剖视图。

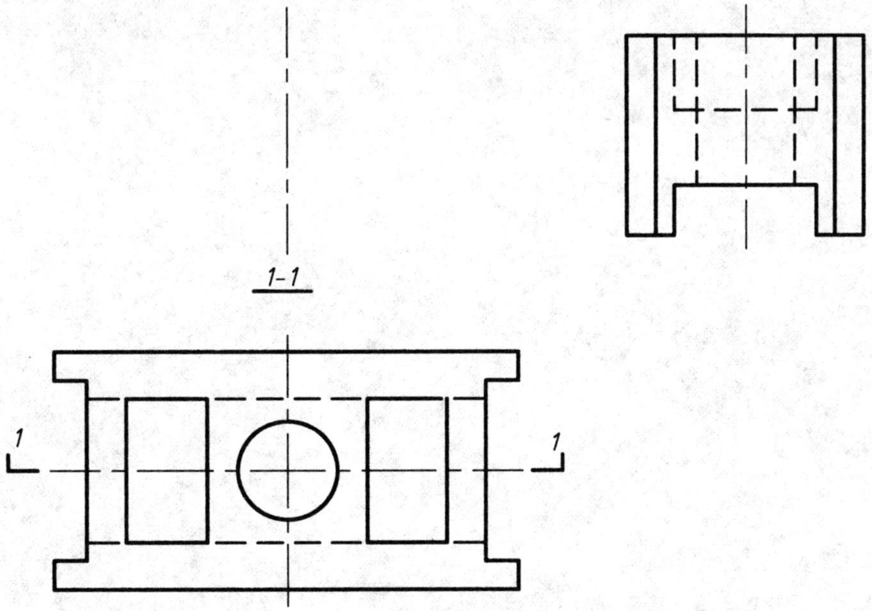

7-3 补画涵洞的左视图，并把主视图改成适当的剖视图。（材料：混凝土）

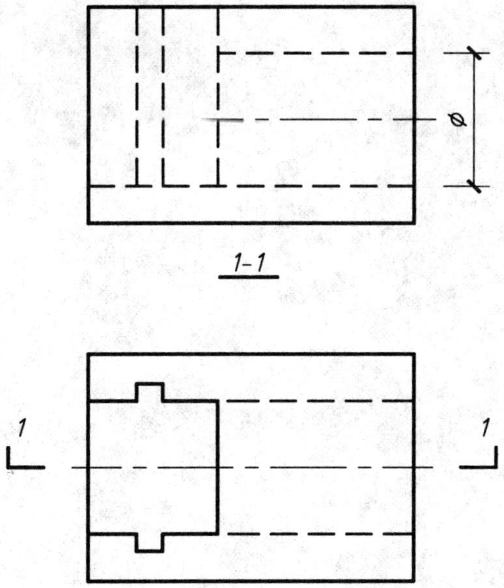

7-4 在指定位置画形体的1-1半剖视图和2-2全剖视图。

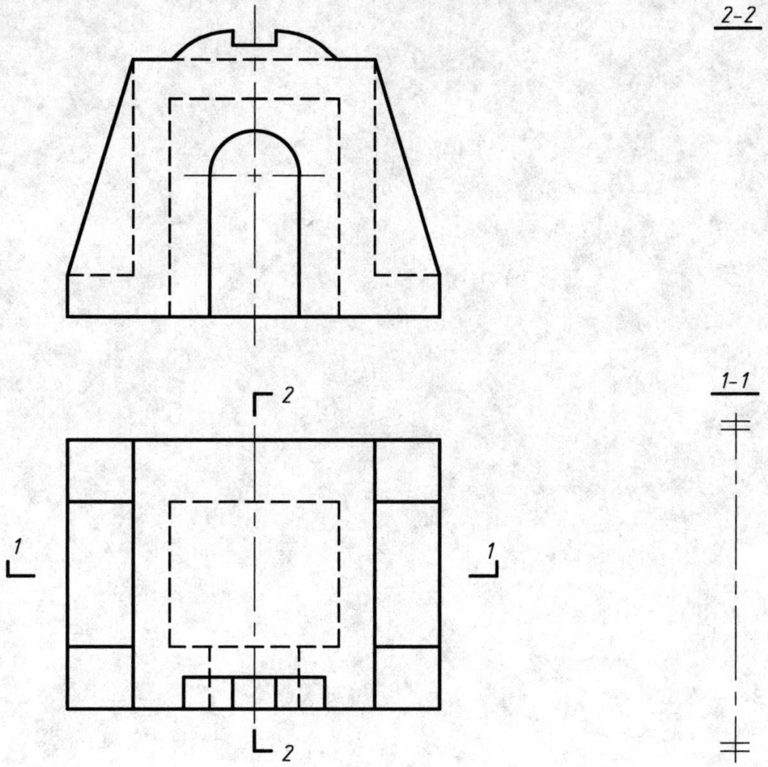

7-5 根据钢筋混凝土基础的主视图和俯视图，补绘半剖的左视图。

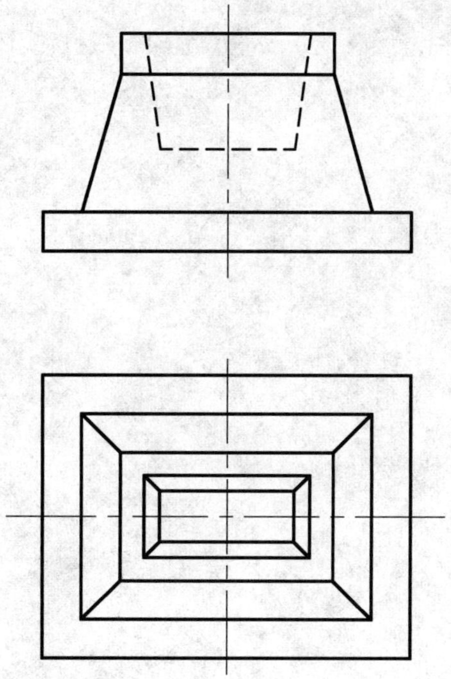

7-6 将主视图改成1-1阶梯剖视图。

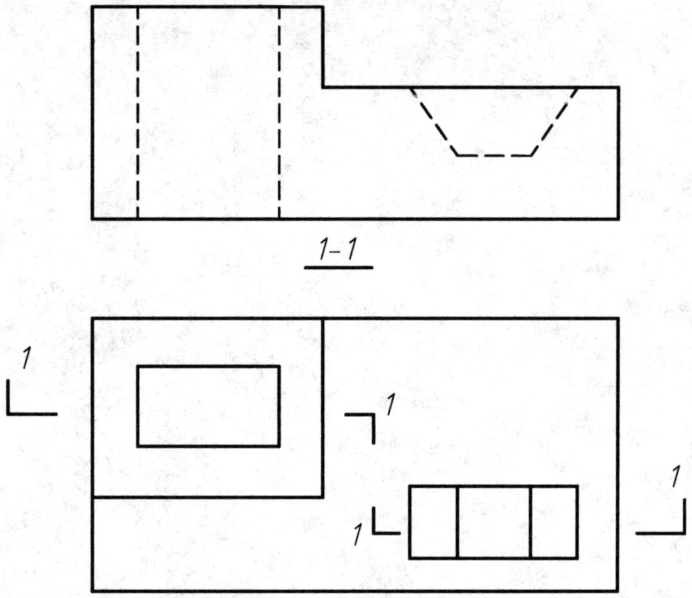

7-7 将正视图改成1-1阶梯剖视图并完成标注。

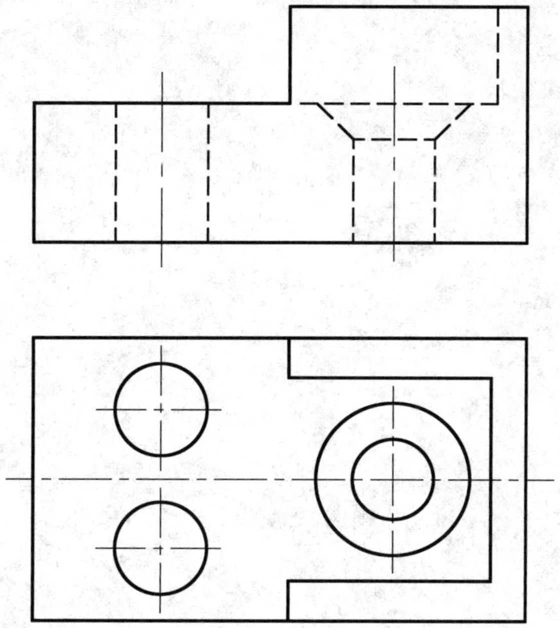

7-8 把集水池的正视图改成1-1阶梯剖视图。(不要的线画“×”)

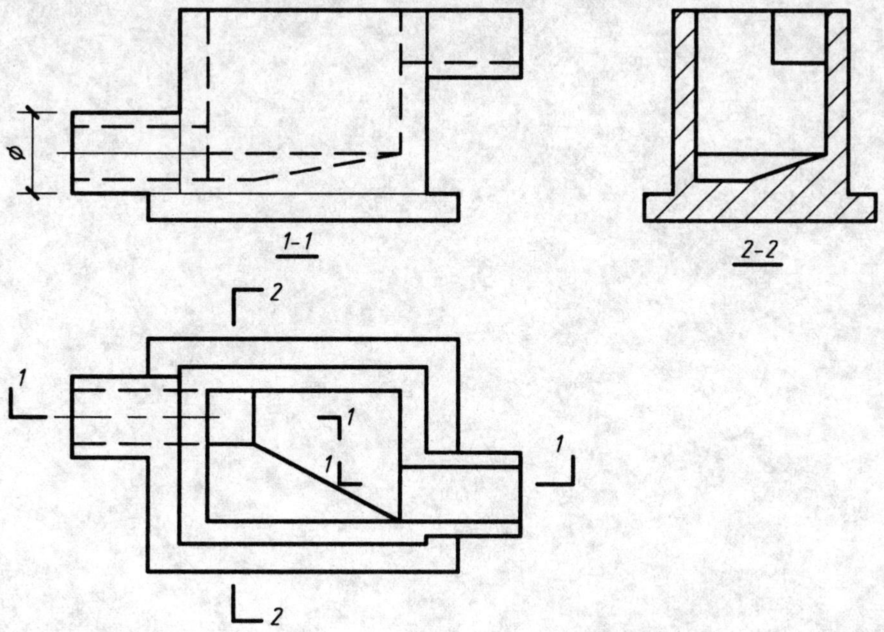

7-9 将水闸主视图改成全剖视图并完成标注。(材料为钢筋混凝土)

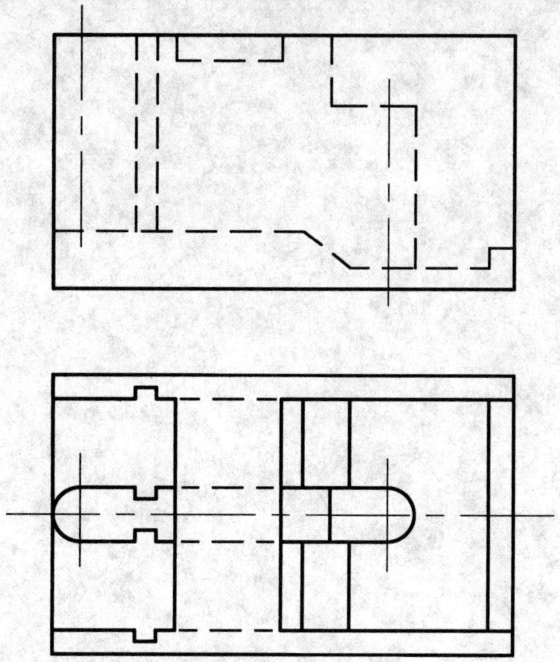

7-10 作壁橱的2-2剖视图。

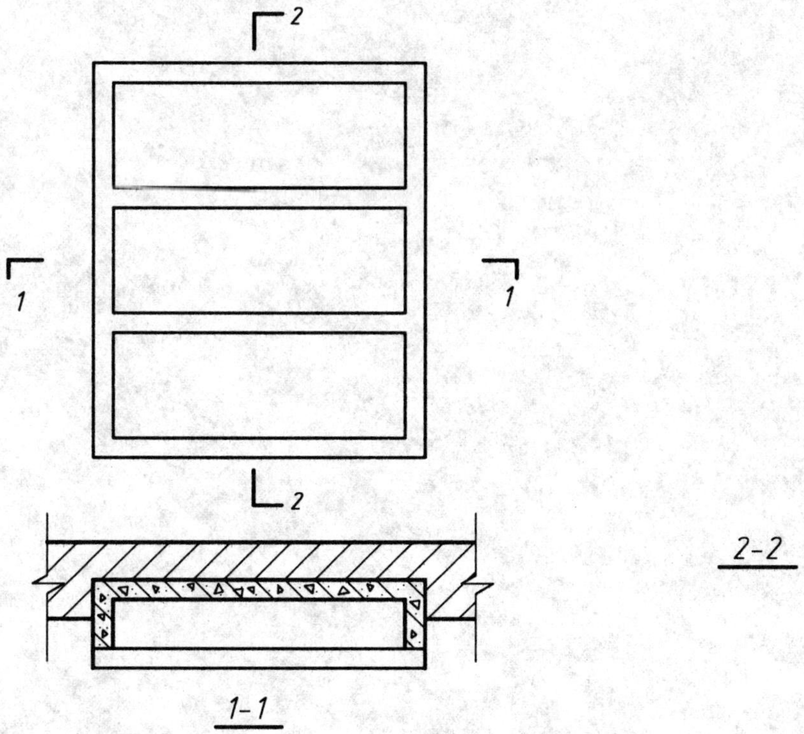

7-11 补画2-2剖视图。(雨篷材料为钢筋混凝土，宽度和踏步外侧平齐)

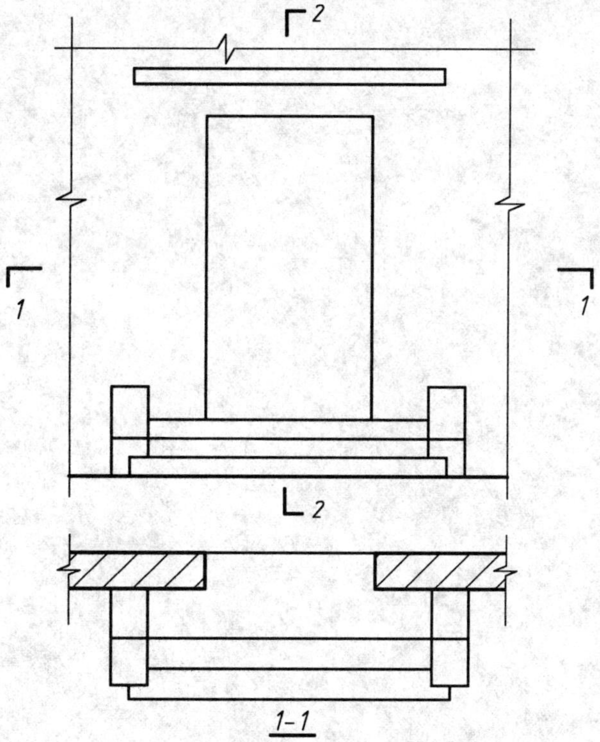

7-12　作出房屋的2-2和3-3剖视图。

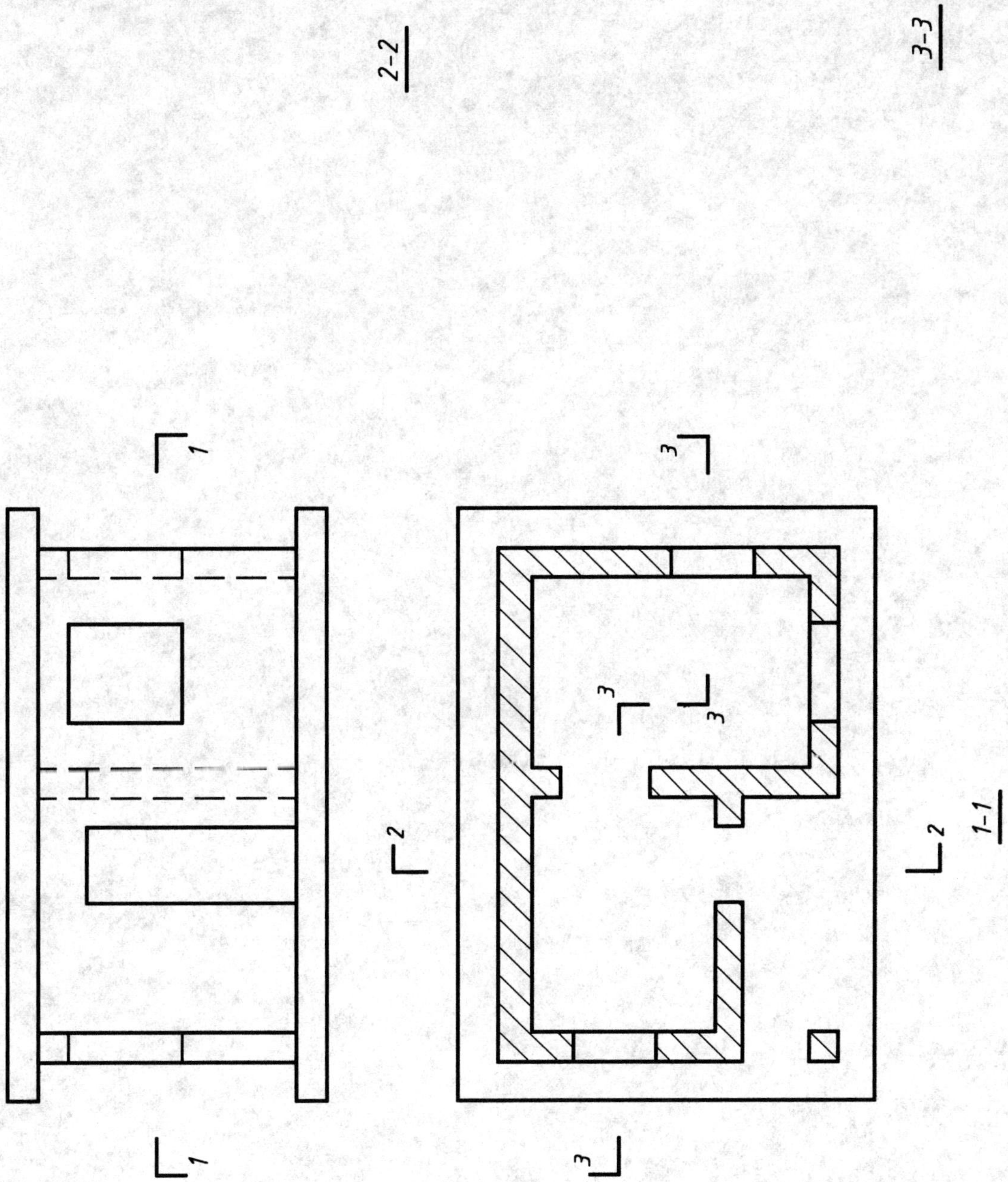

7-13　作出钢筋混凝土楼板的2-2剖视图和3-3断面图、4-4断面图。

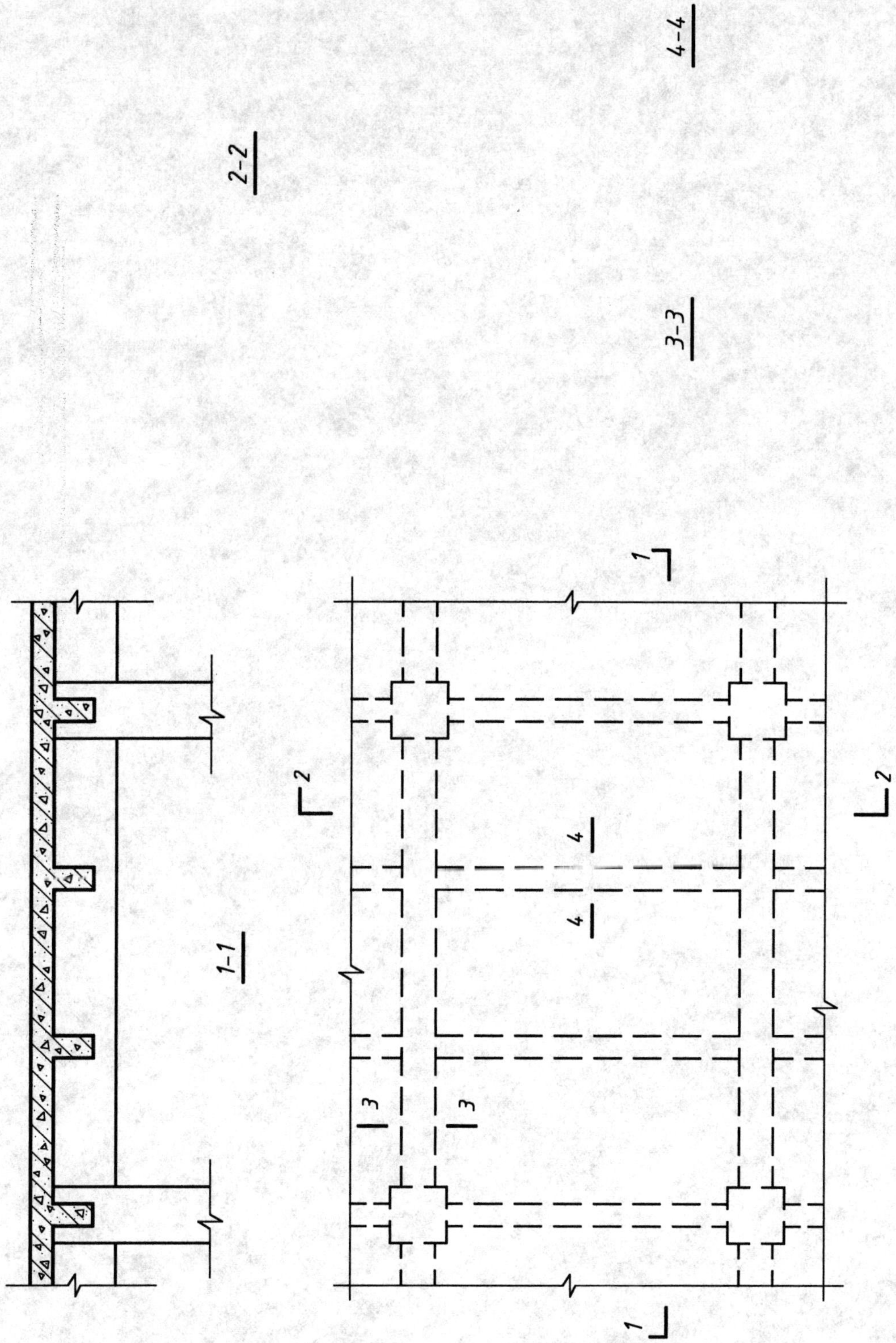

7-14　画出下列建筑形体的断面图。(材料为钢筋混凝土)

(1)

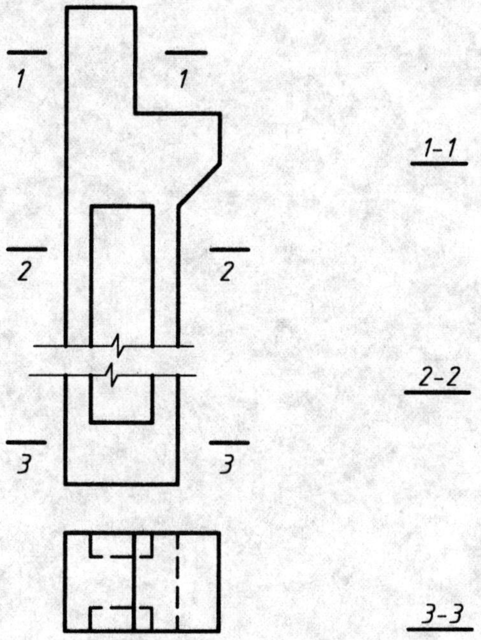

(2)

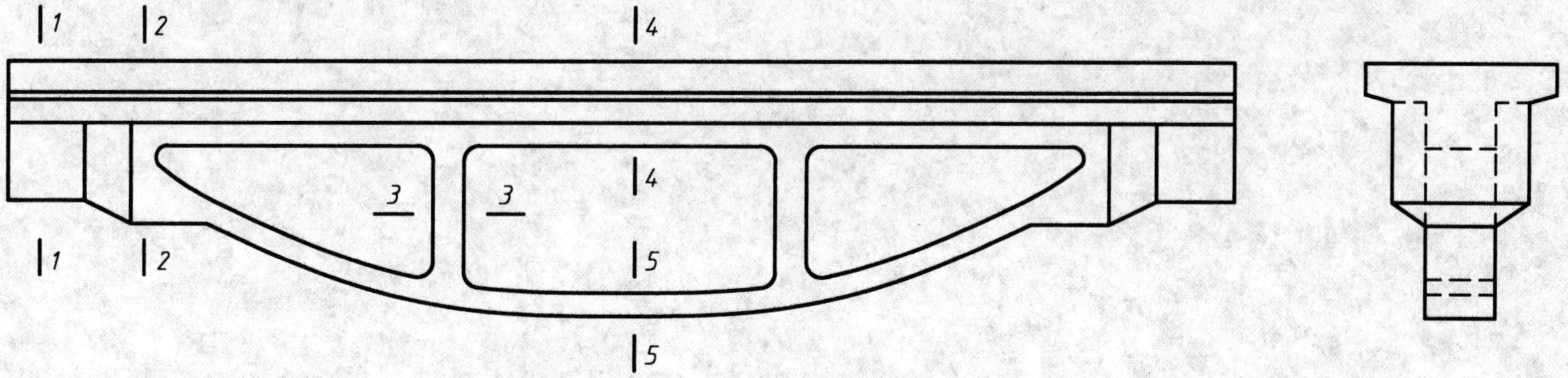

7-15　画出形体的1-1、2-2、3-3断面图。

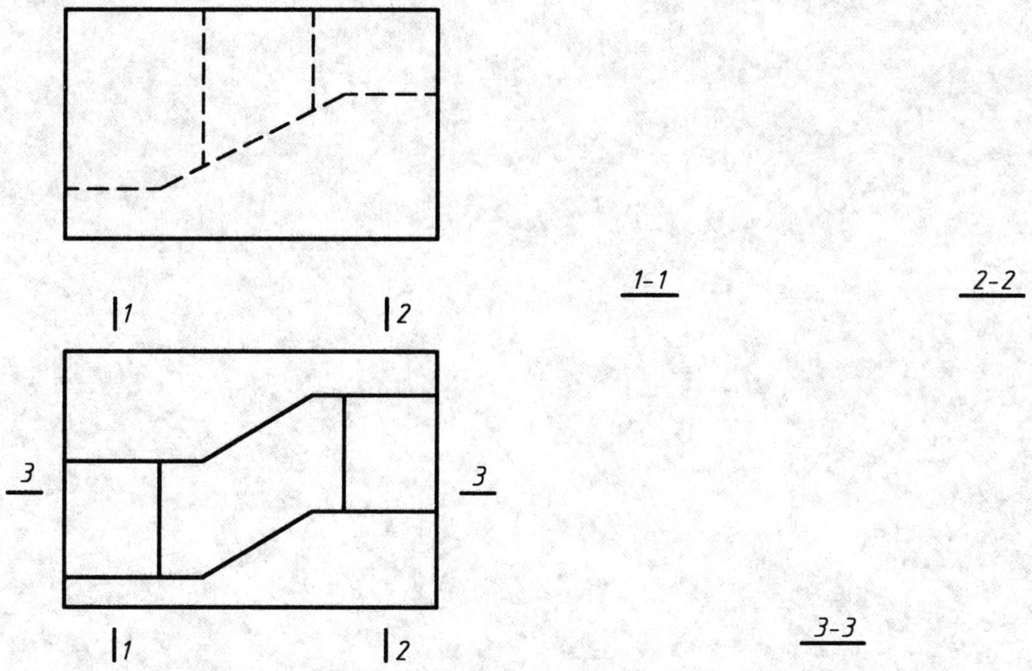

7-16　画出渠道及扭面翼墙段的1-1断面图。(提示:右视断面图)

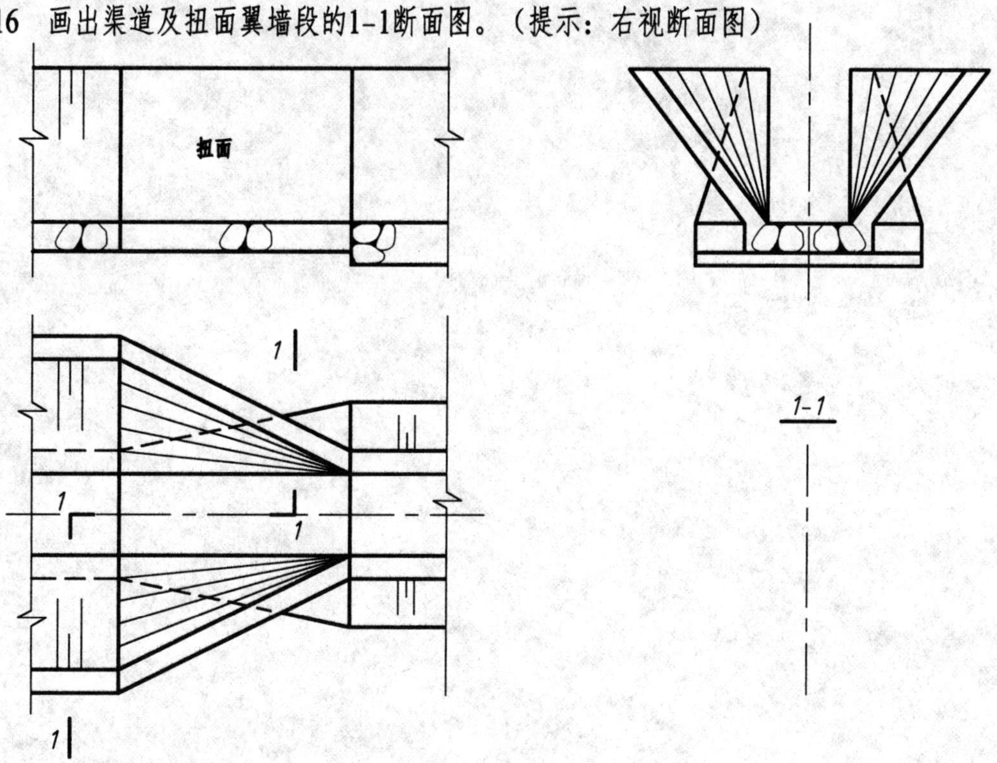

8-1 已知母线*AB*和回转轴*CD*，作单叶回转双曲面的投影。

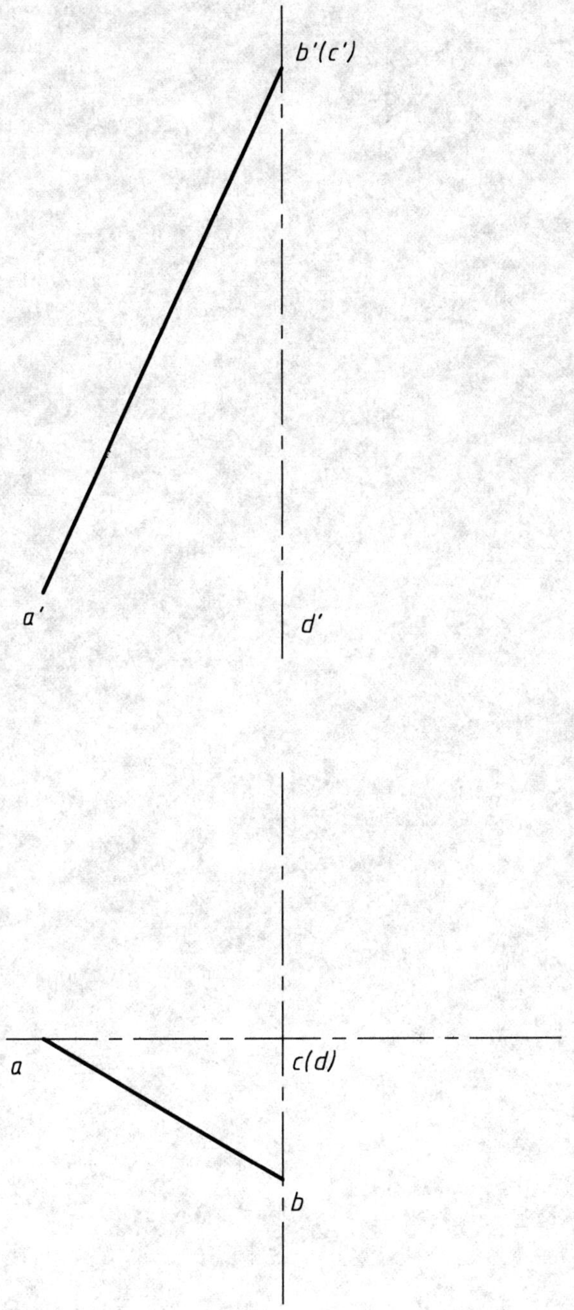

8-2 完成带缺口的斜椭圆柱的水平投影。

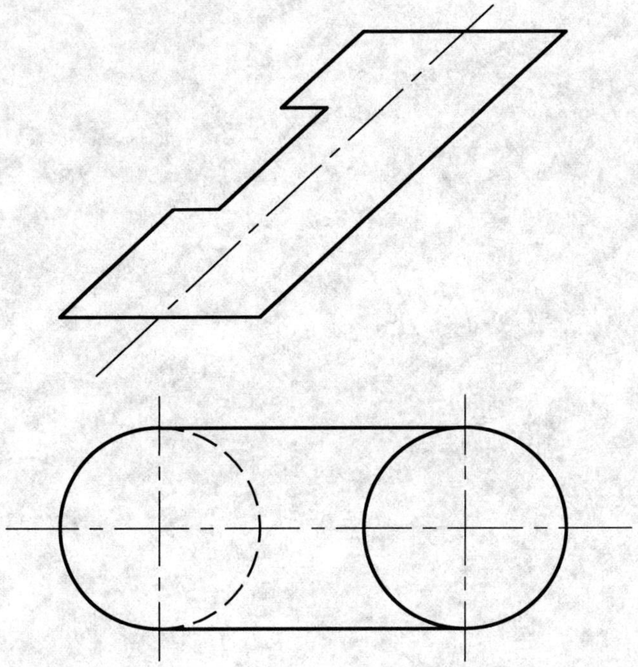

8-3 已知直线*AB*和圆弧*CD*为导线，*W*面为导平面，求作锥状面的三面投影。

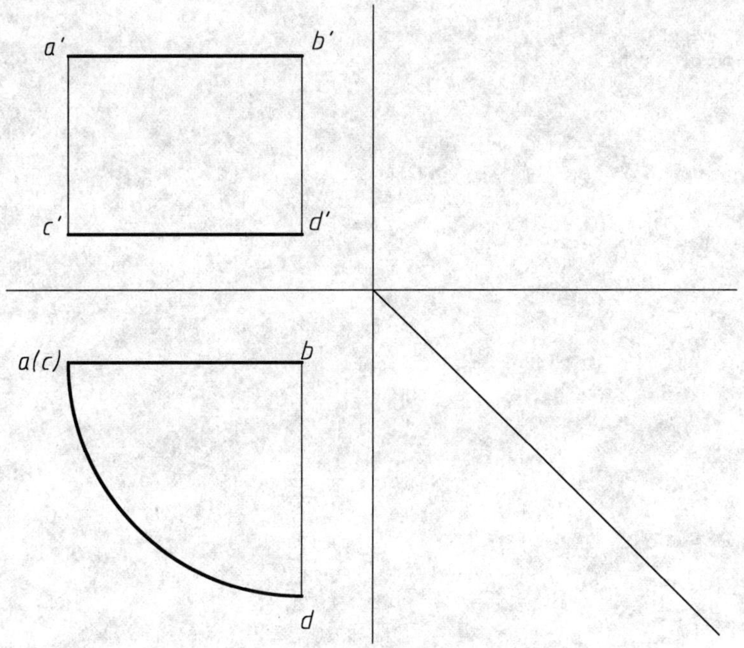

8-4 已知直导线*AB*、*CD*的投影，以*V*面为导平面，求作双曲抛物面的投影。

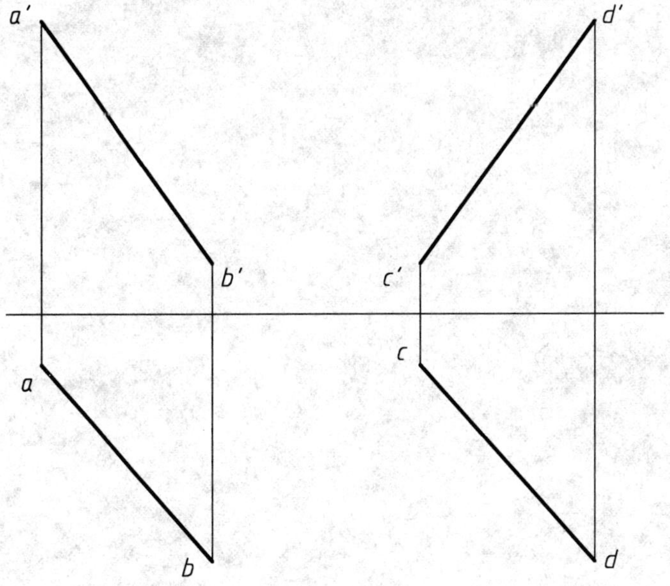

8-5 已知圆柱面上螺旋线的导线P_h，右旋，起点*O*，求作螺旋线的三个投影，并区分它的可见性。

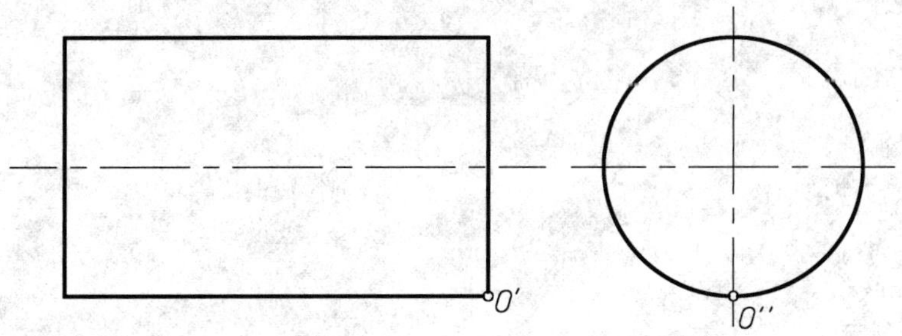

8-6 画出扭面翼墙段的下游立面图(右视图)。

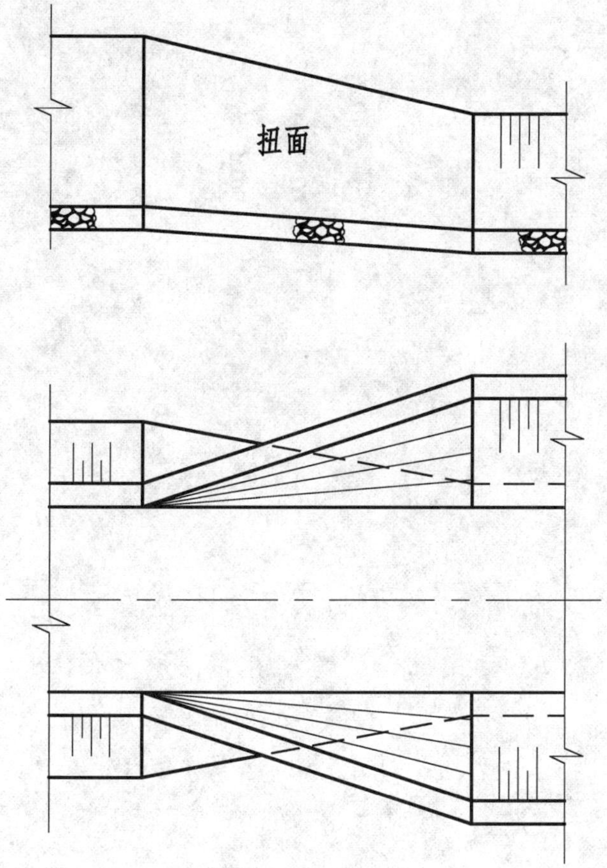

下游立面图

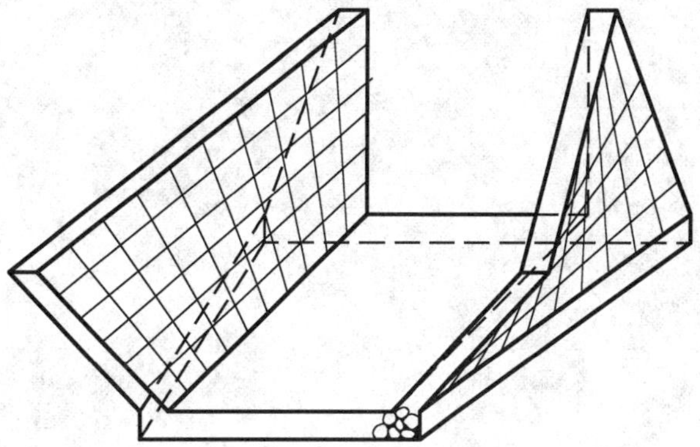

8-7 已知方圆渐变段（组合面）的投影，完成下列要求：

(1) 计算1-1、2-2、3-3断面的直线段和圆弧半径的尺寸，并填入表中；

(2) 画出3-3断面图。

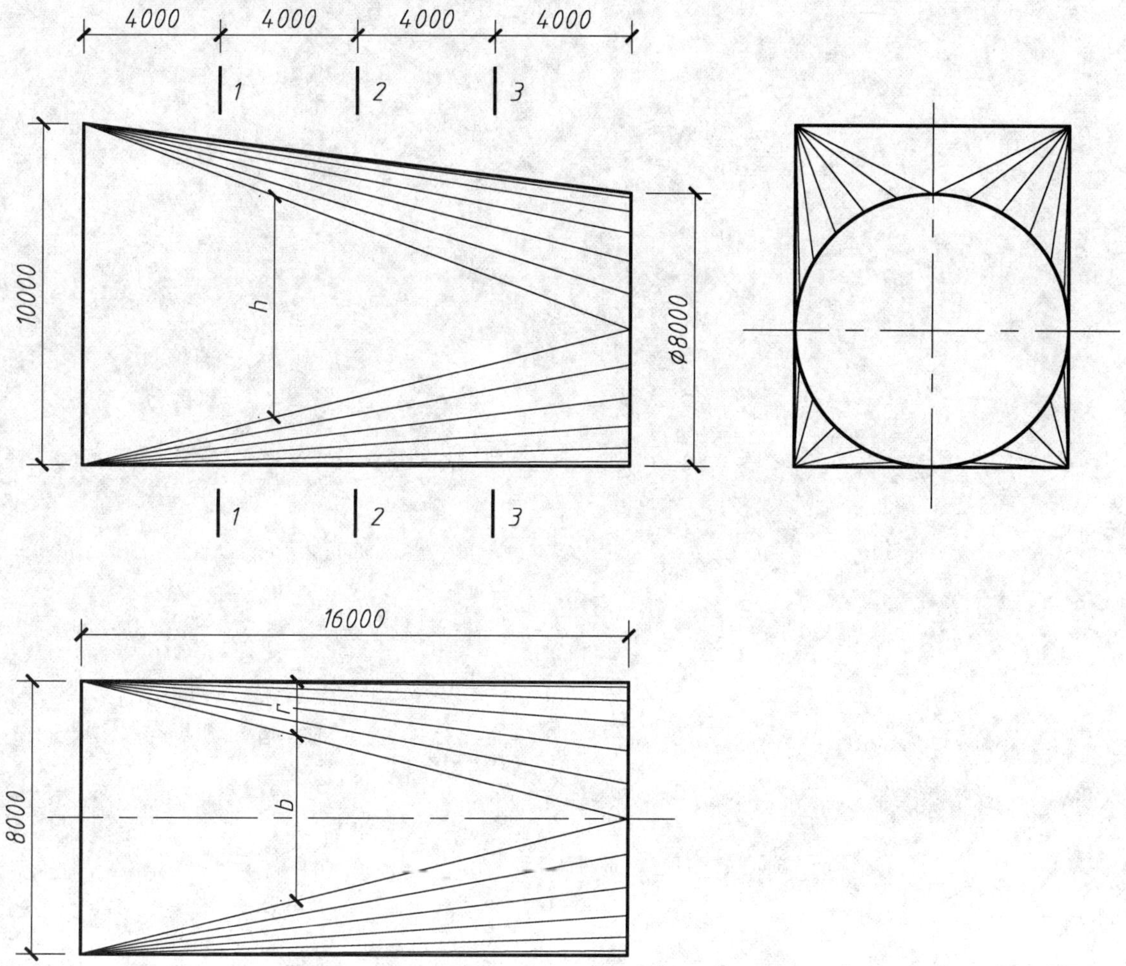

断面	h	b	r
1-1			
2-2			
3-3			

9-1 已知直线AB的标高投影，求直线AB的坡度和平距，并求直线上C点的标高。

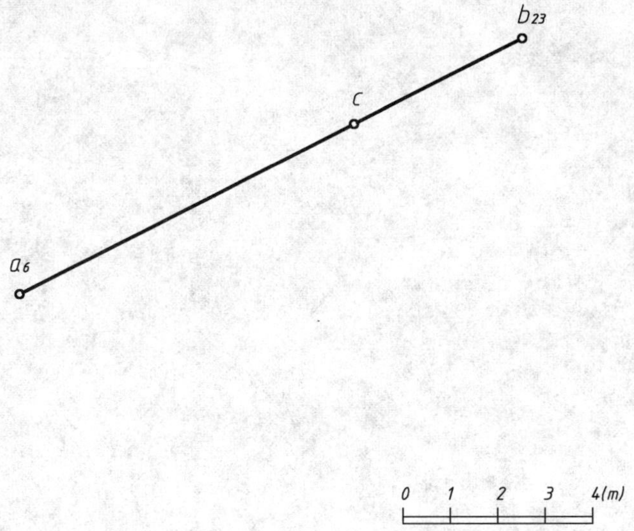

9-2 已知直线AB的标高投影，求作直线上整数标高点的投影。

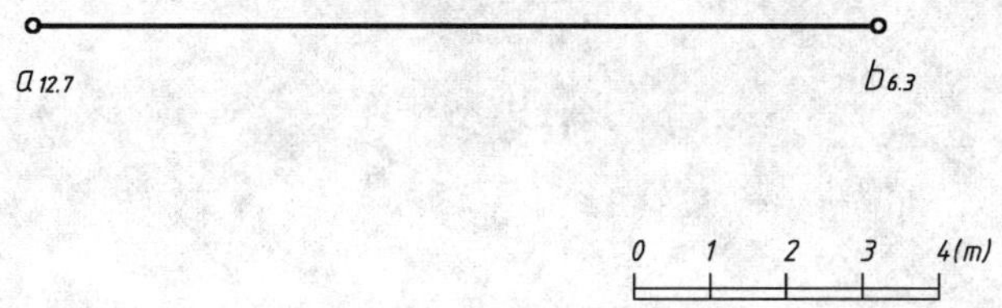

9-3 在高程为-3 m的地面上开挖一高程为-6 m的基坑，挖方边坡为2:1，求作开挖线及坡面交线。(比例1:100)

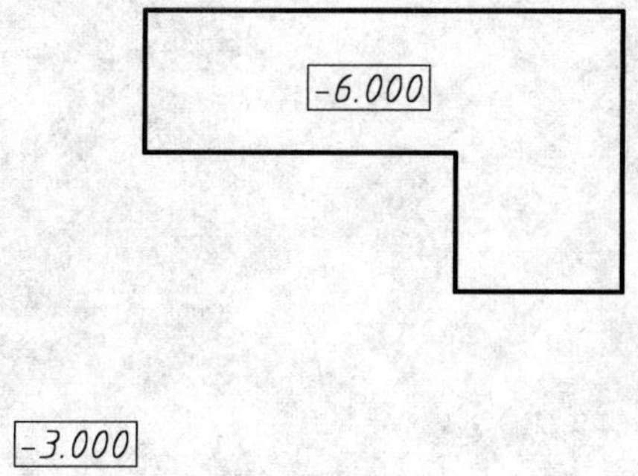

9-4 在高程为0 m的地面上筑一高程为3 m的平台，下图为平台一角，求作坡脚线及坡面交线。

(1)

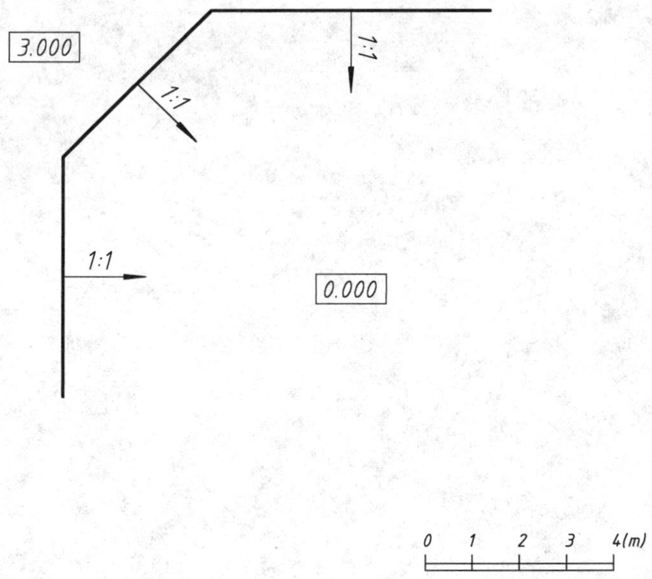

(2)

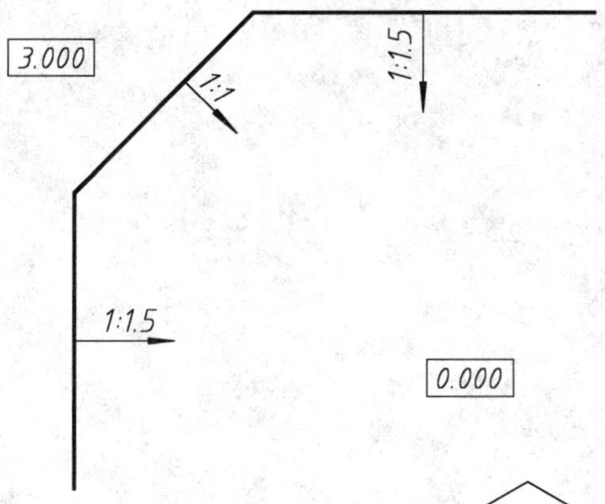

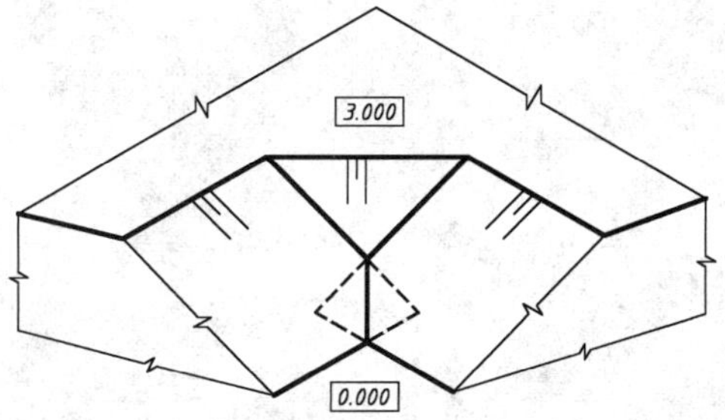

9-5 在高程为2 m的地面上筑大、小两堤，已知堤顶高程及各坡面的坡度，求作其标高投影图。(比例1:400)

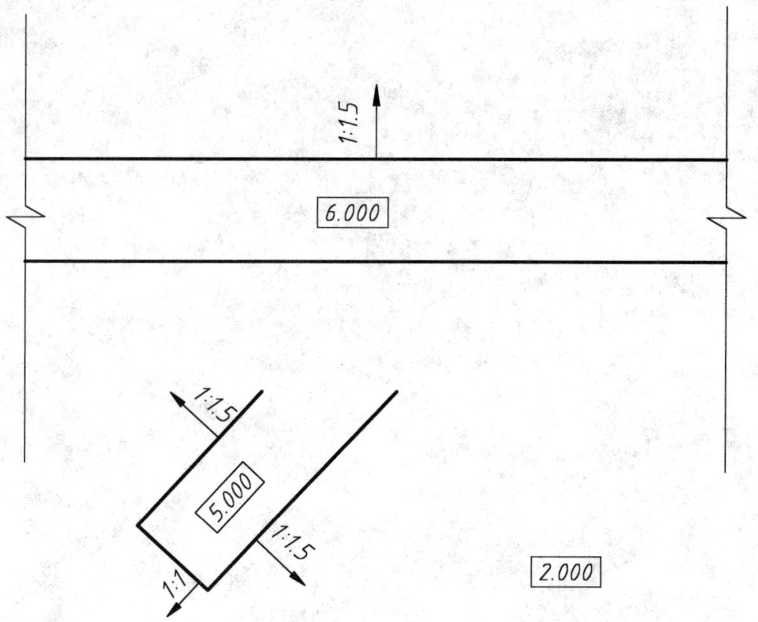

9-6 在高程为0 m的地面上筑一高程为4 m的平台，中间有一斜坡道与地面连接，已知各坡面坡度，完成其标高投影图。(比例1:200)

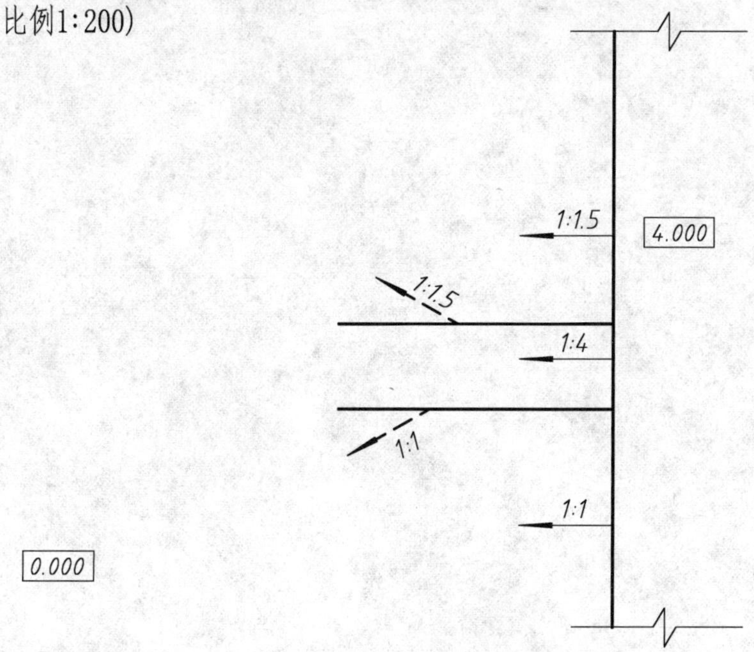

9-7 在高程为5 m的地面上挖一高程为2 m的基坑，已知挖方边坡，完成其标高投影图。

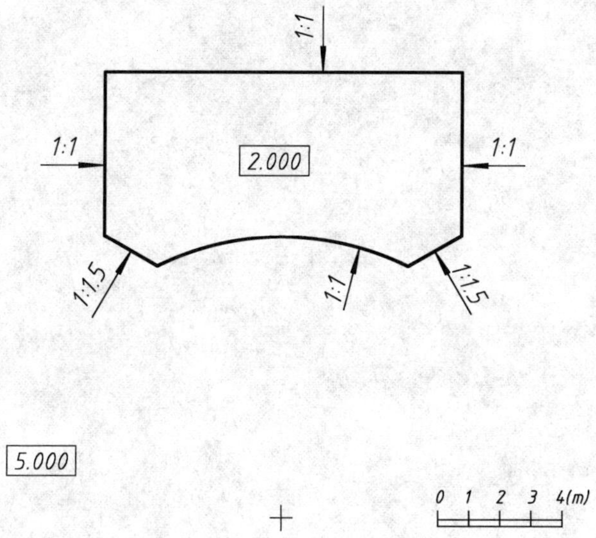

9-8 在高程为2 m的地面上筑一高程为6 m的平台，已知各坡面坡度，完成其标高投影图。

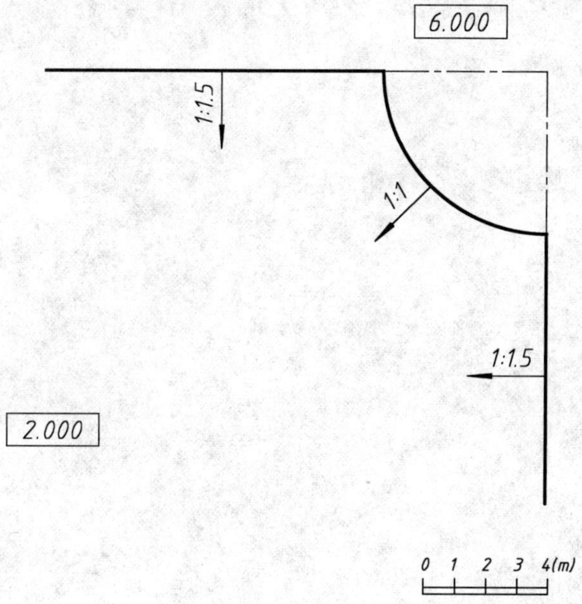

9-9 在高程为3 m的地面上筑高程为4 m和6 m的平台，已知各坡面坡度，完成其标高投影图。(比例1:200)

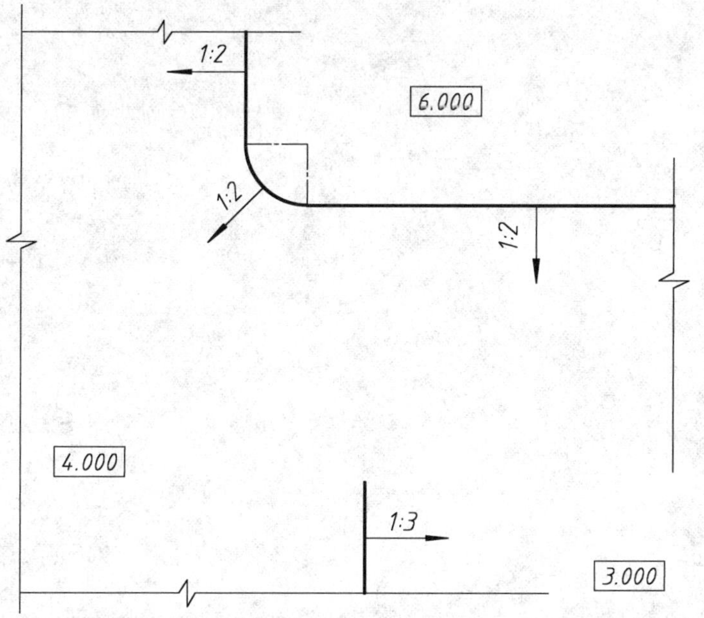

9-10 在山坡上修建一水平场地，其高程为121 m，已知挖方边坡为1:1，填方边坡为1:1.5，完成其标高投影图。(比例1:200)

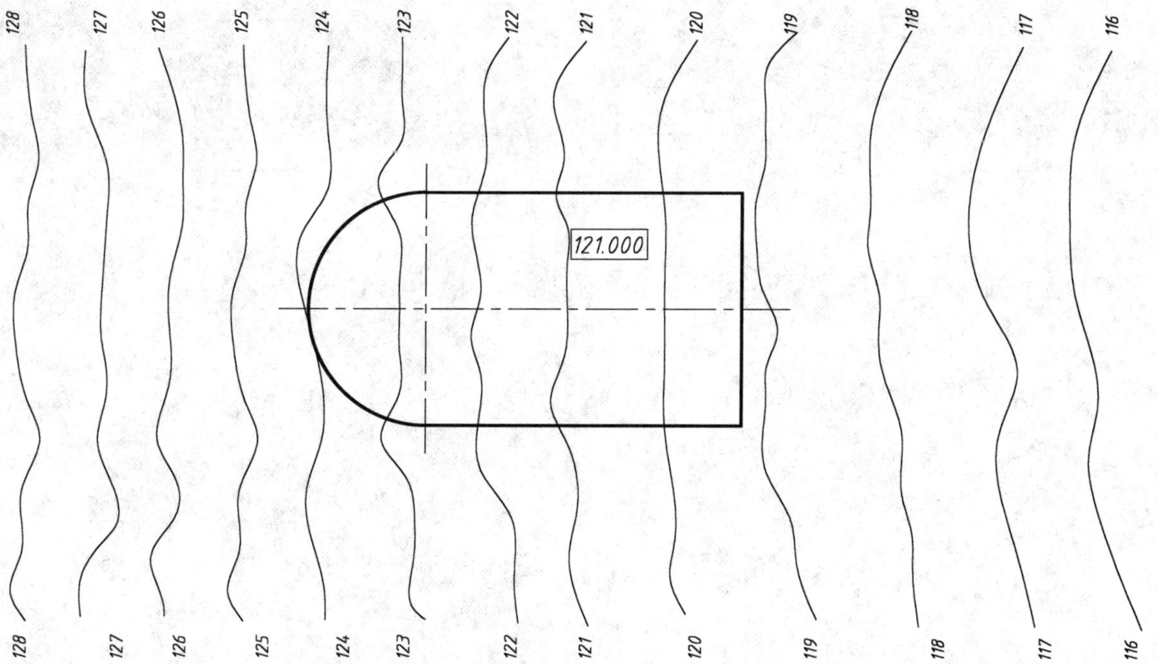

9-11 已知在地形平面图中管道*AB*的标高投影，求作管道与地面的交点，并将*AB*在地下部分画成虚线，地上部分画成实线。

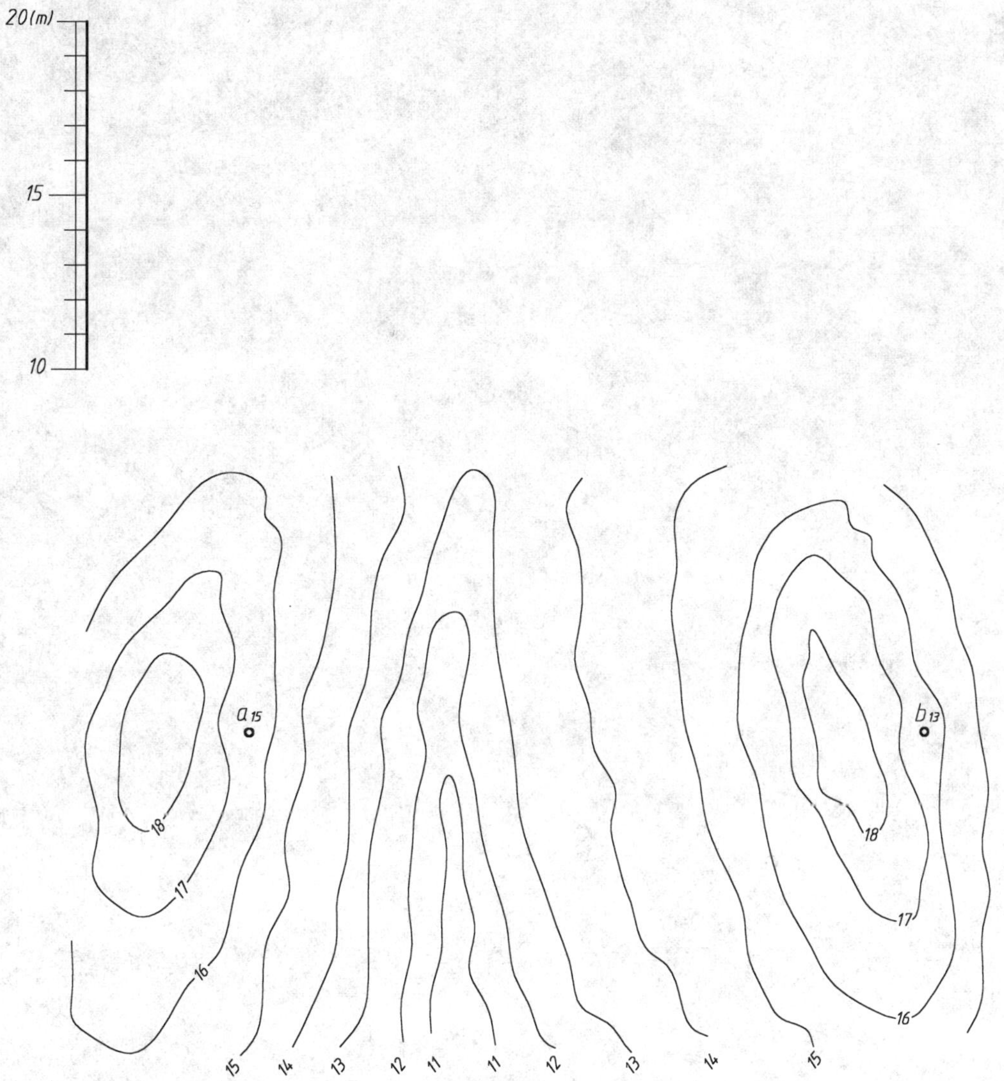

9-12 已知土坝设计断面、地形图和坝轴线位置，求作：

（1）土坝平面图和坝面坡脚线；

（2）补画1-1断面图中的地形断面图。（比例1:1 000）

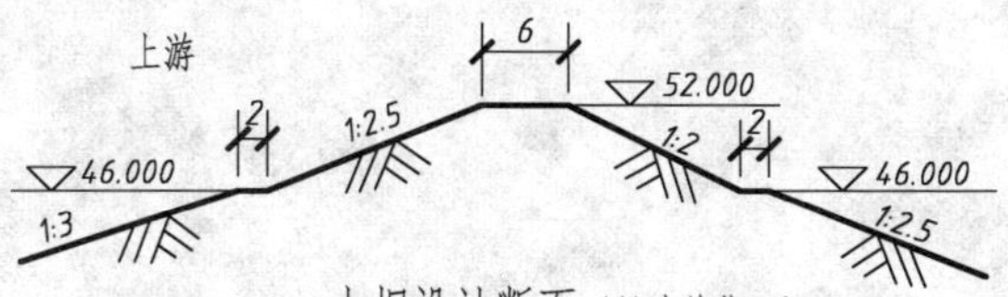

土坝设计断面（尺寸单位:m）

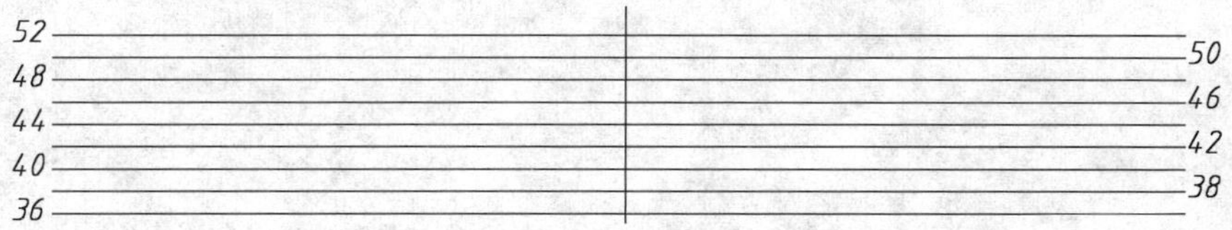

1-1

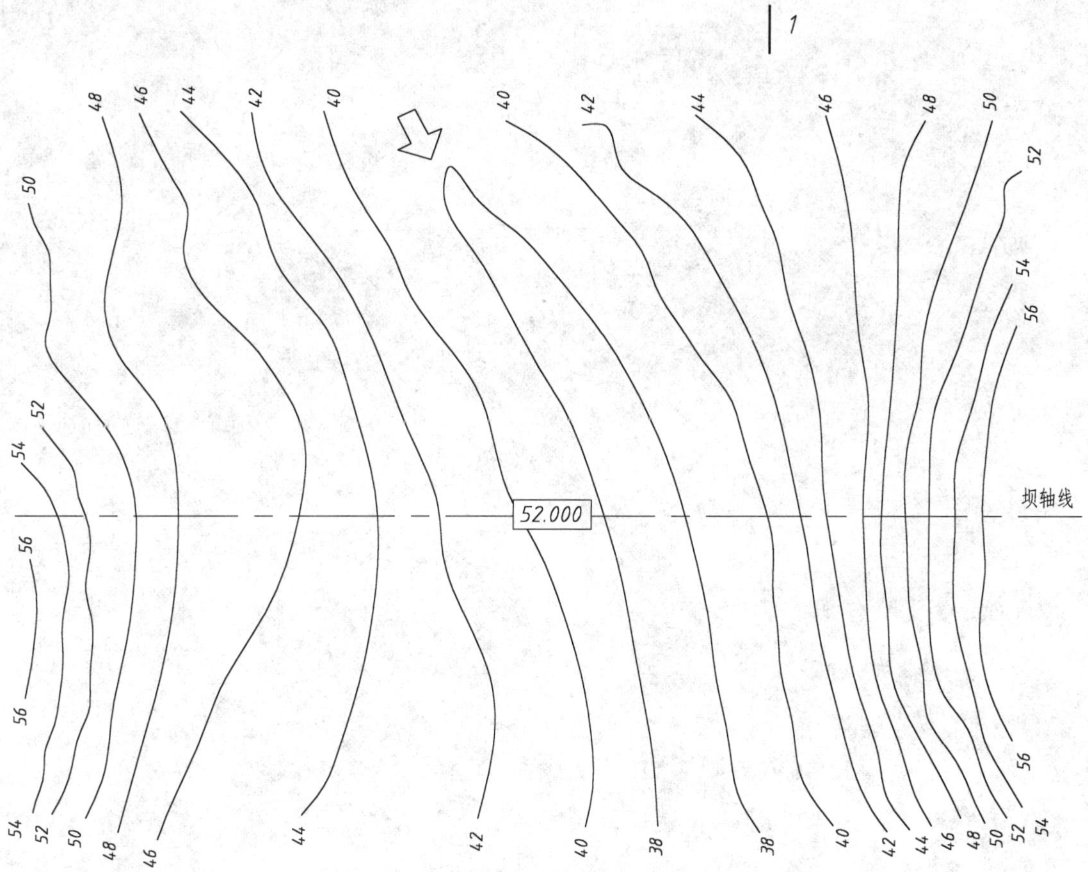

土坝平面图

10-1 画出涵闸进水口的纵剖视图。（注意：绘制素线）

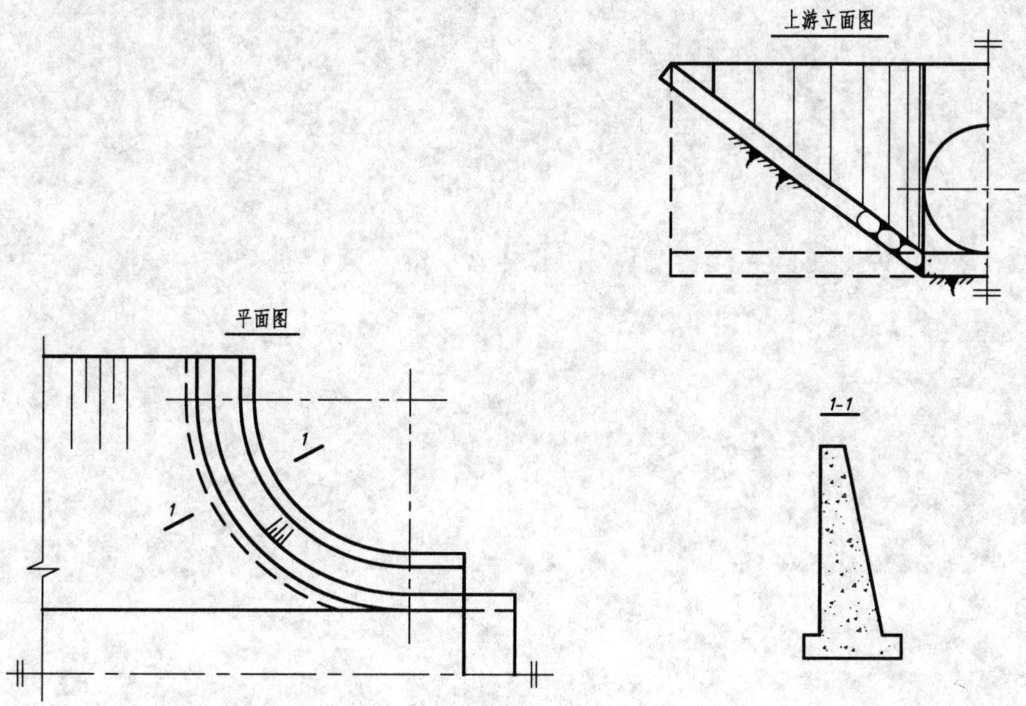

10-2 已知闸墩的正立面图和平面图，补画其上下游立面图，并在立面图的曲面上画出素线。

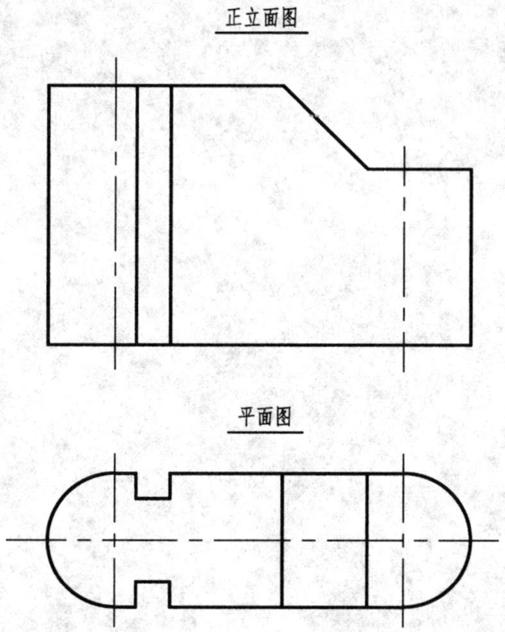

10-3 已知消力池平面图、*A-A*剖视图和*D-D*断面图，补画其*B-B*剖视图和*C-C*剖视图，并化为合成视图。

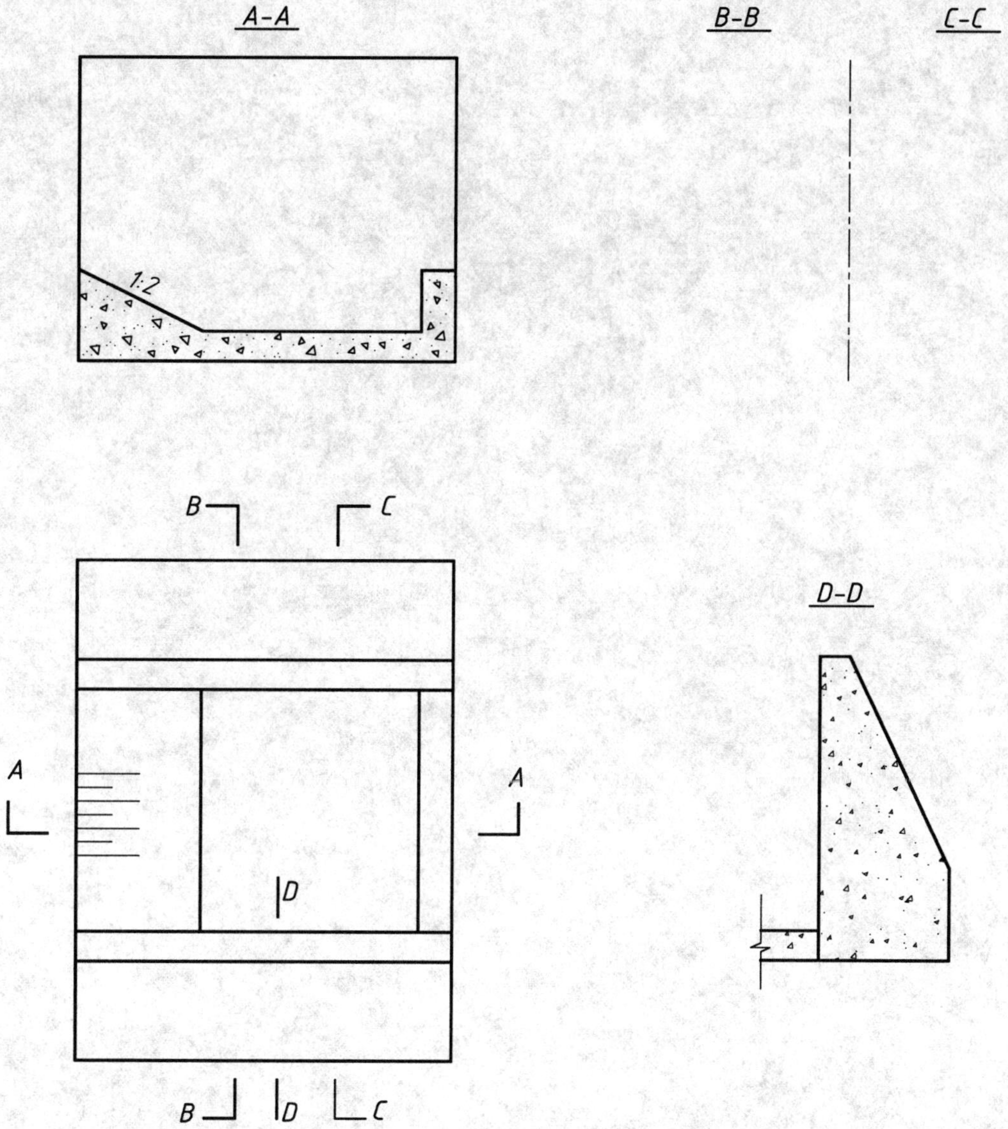

10-4 已知由扭面构成的挡土墙的正立面图、平面图和右侧立面图，补全扭面上的素线，并绘制*M*-*M*剖视图。

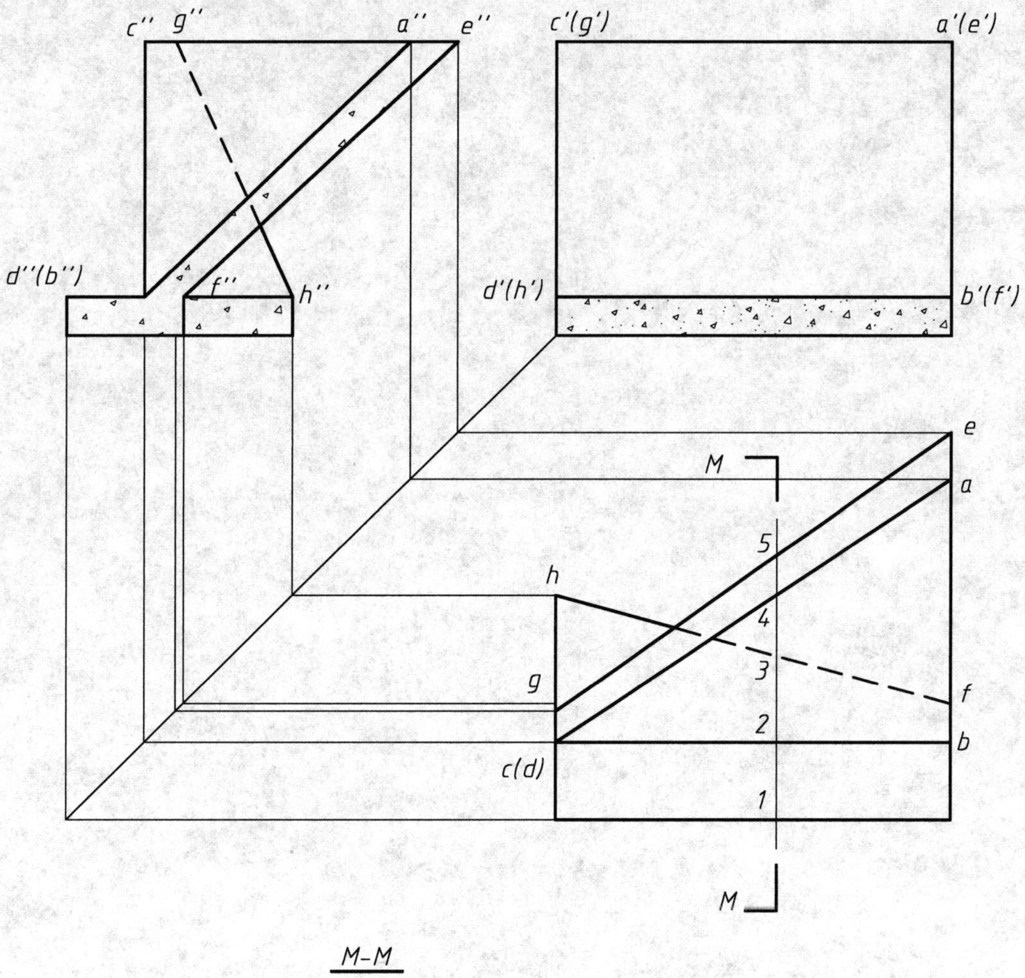

10-5 已知混凝土重力坝的平面图和*A*-*A*剖视图，补画上下游立面图（廊道产生的虚线可省略不画）。

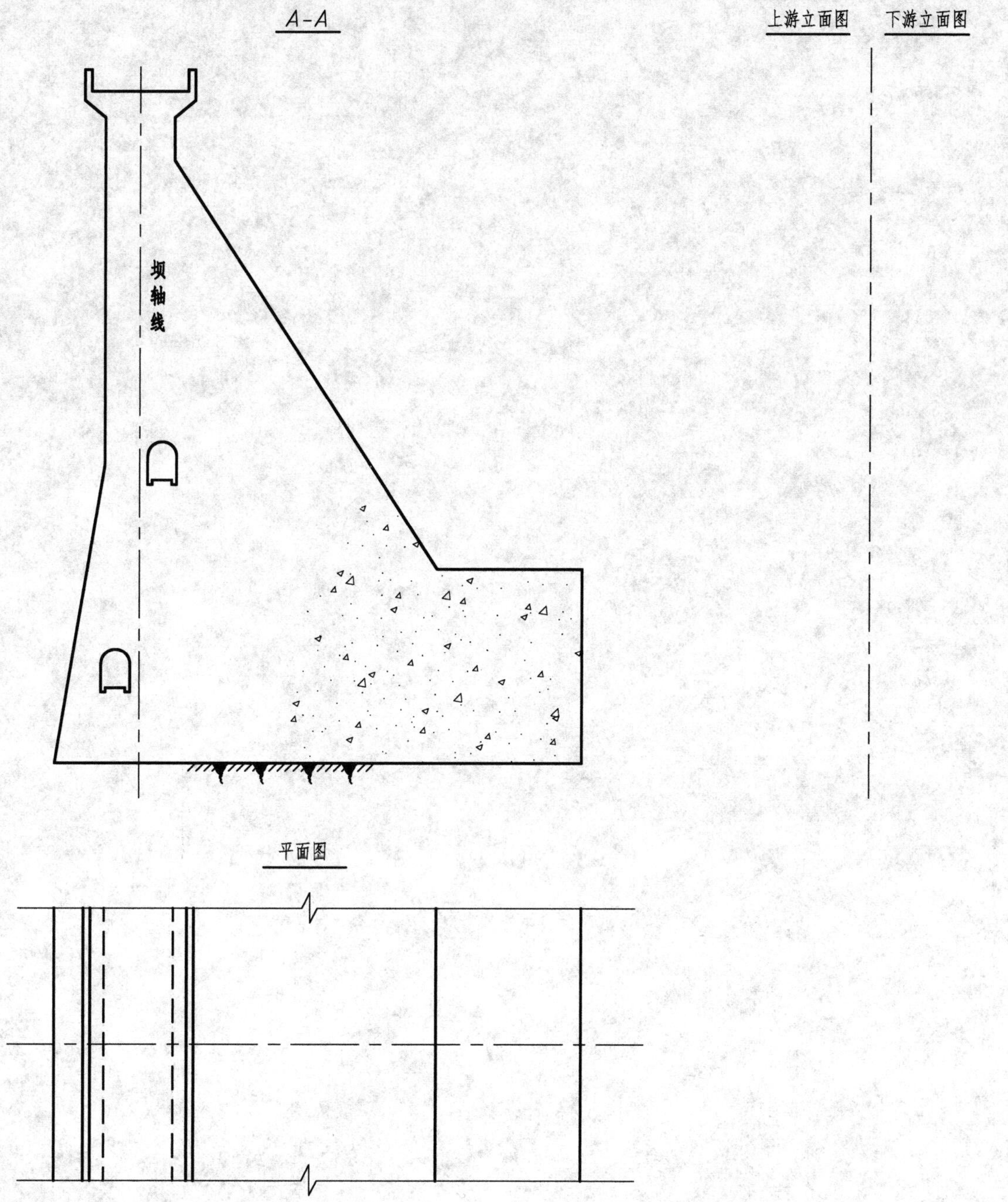

10-6 根据所给视图读懂水闸闸室结构，并根据图示比例用A2图纸抄绘视图。

上游立面图 1:100　　　　下游立面图 1:100

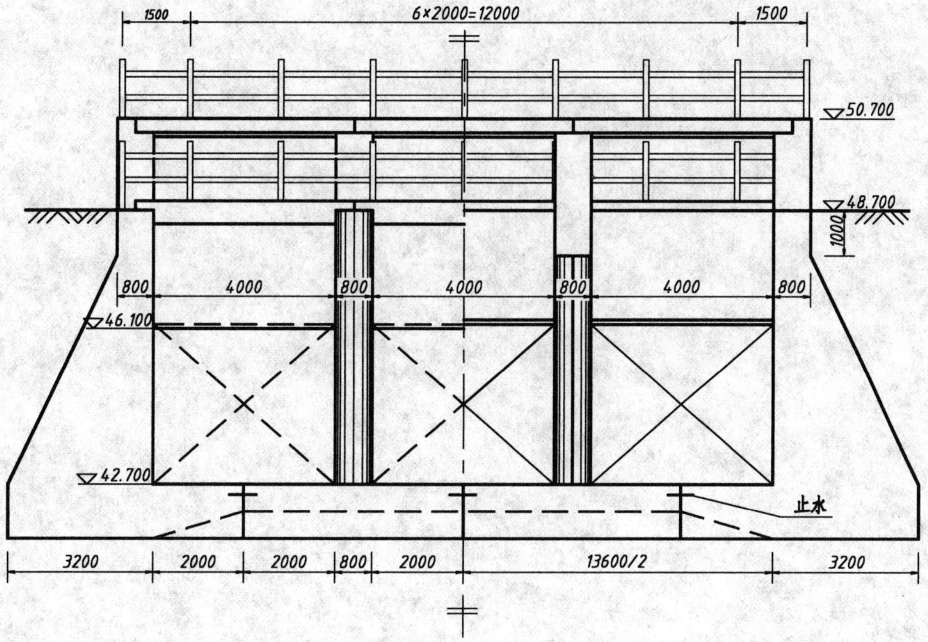

中墩结构图 1:100

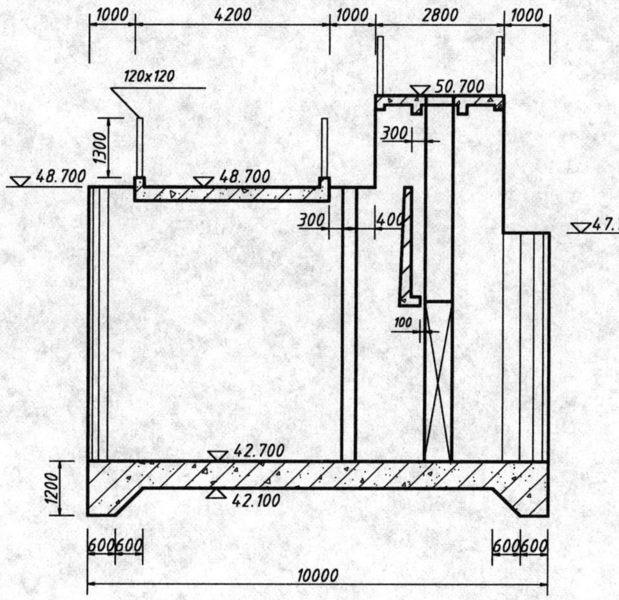

边墩结构图 1:100

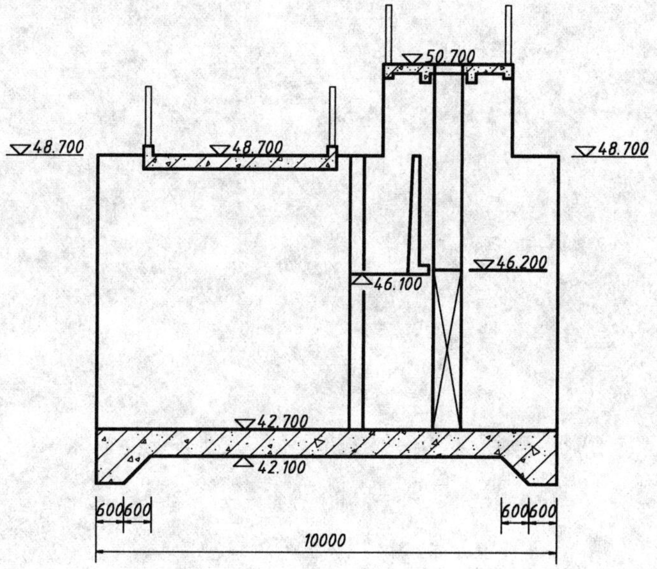

平 面 图 1:100

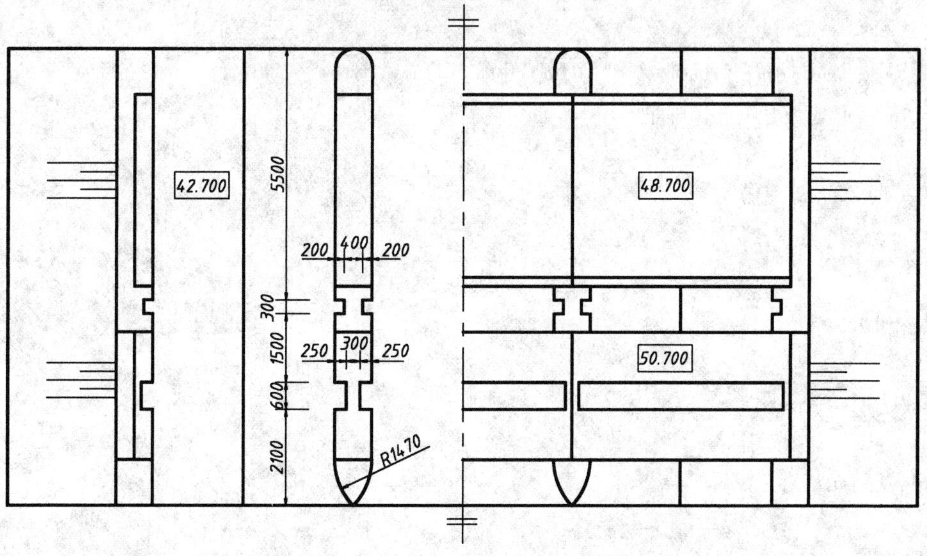

公路桥大样 1:50

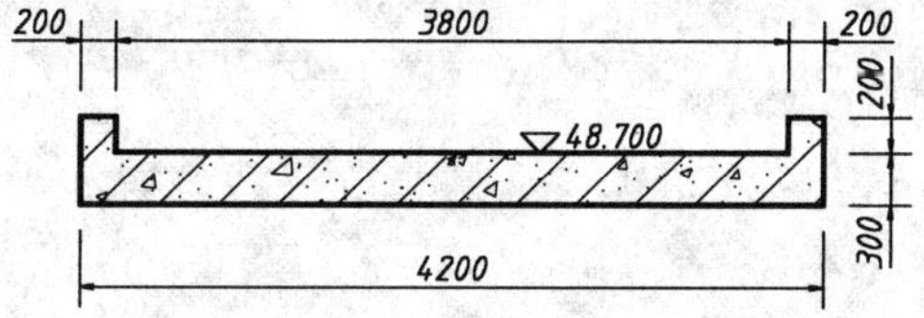

工作桥大样 1:50

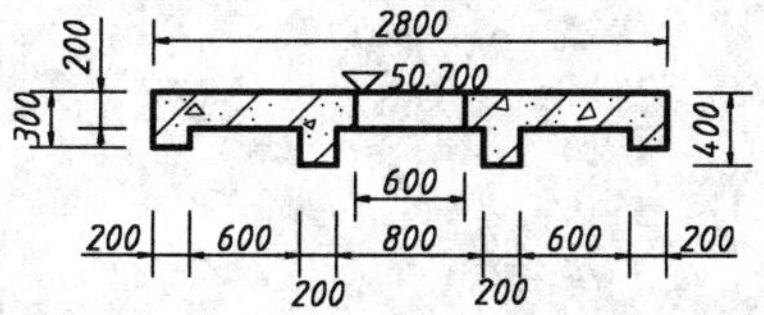

胸墙大样 1:50

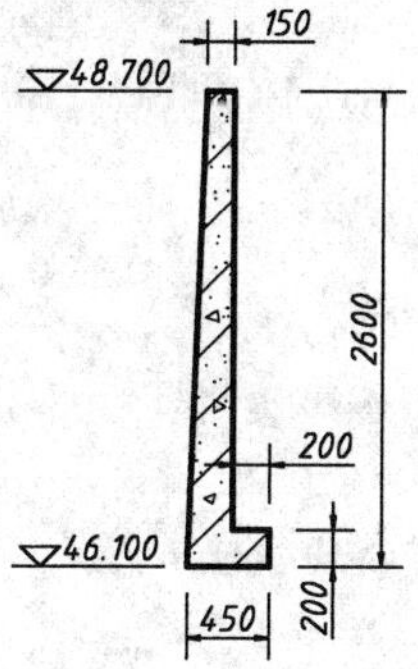

10-7 用A3图纸抄绘水闸结构图，并补画*C-C*剖视图和*D-D*断面图的合成视图，比例1:100。（翼墙为浆砌石材料）

纵剖视图

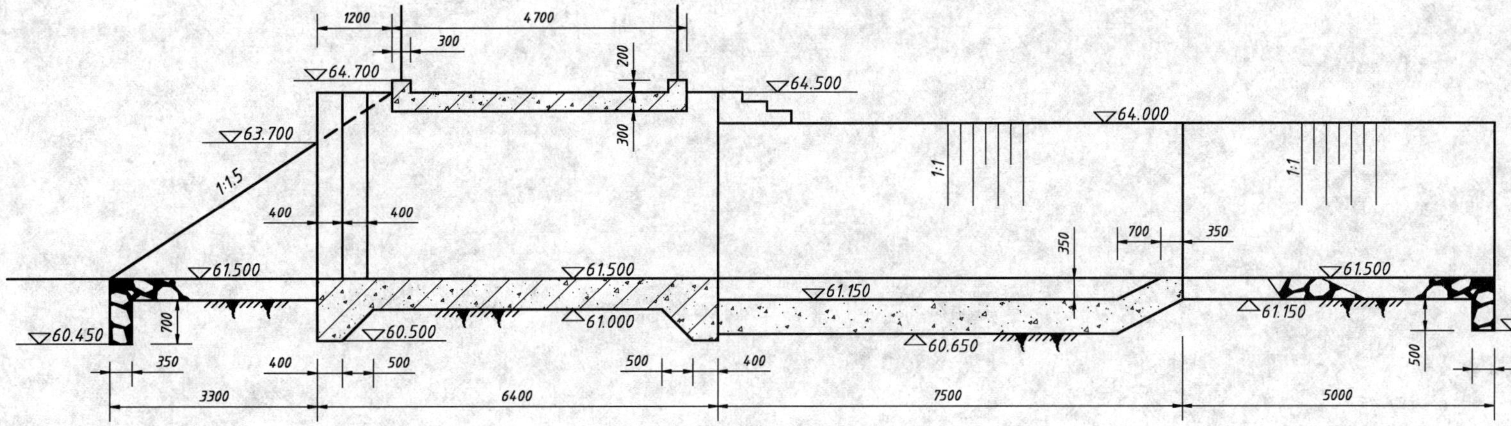

A-A

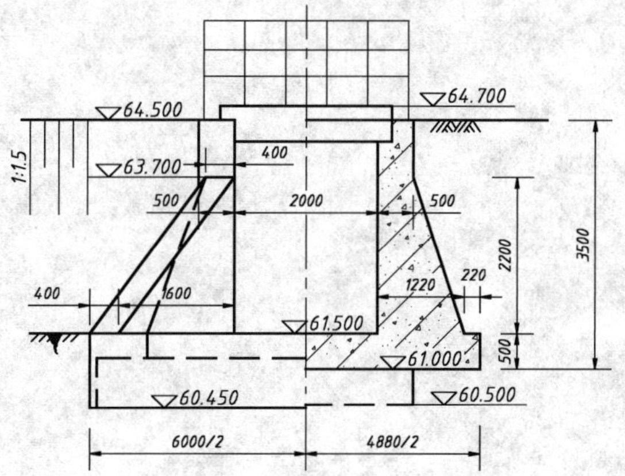

平面图

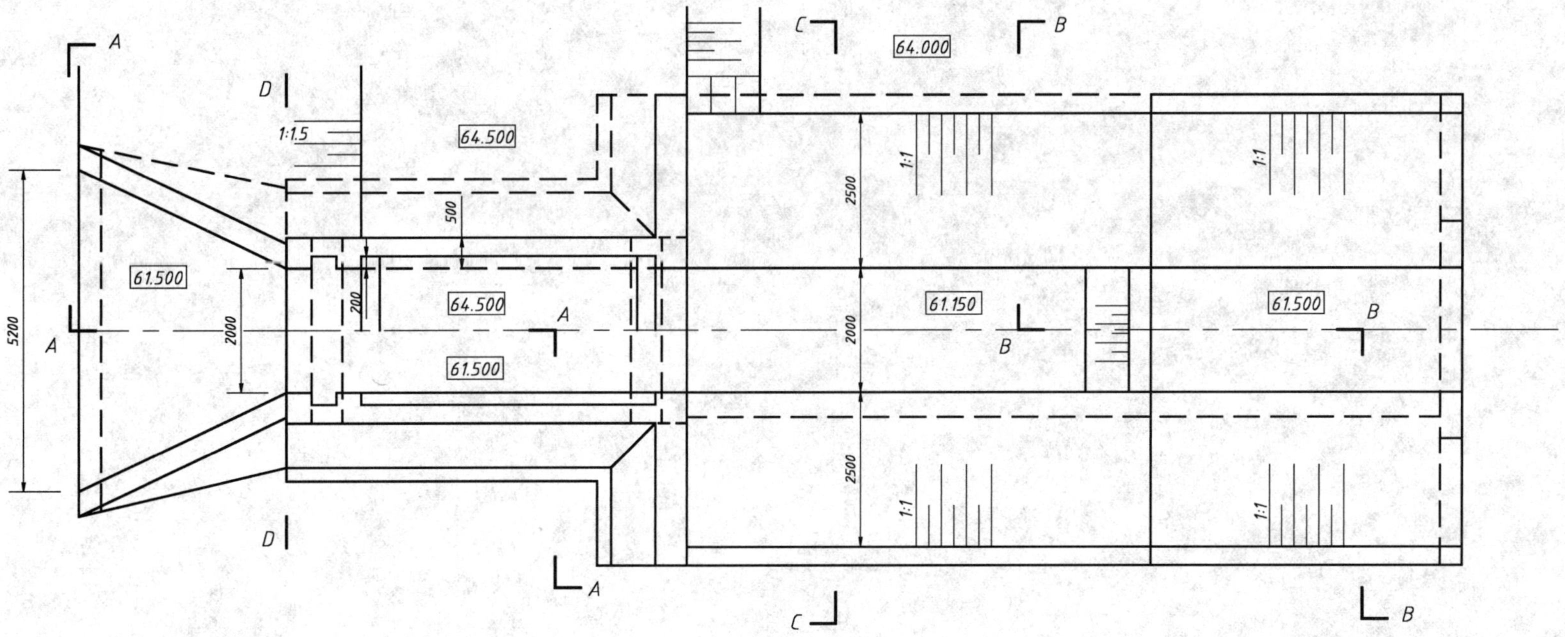

B-B

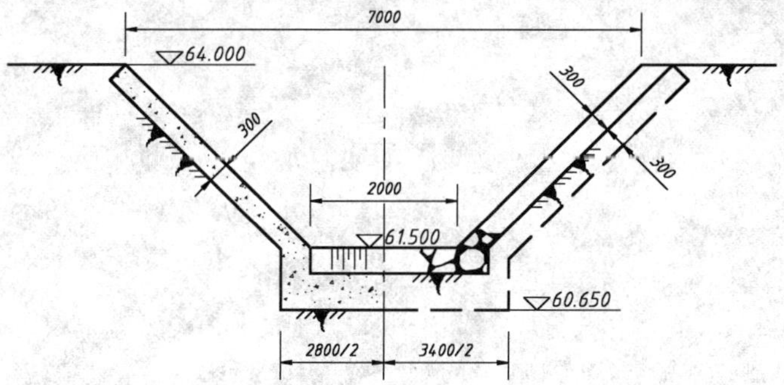

10-8 用A3图纸抄绘坝墩平面图和剖视图。

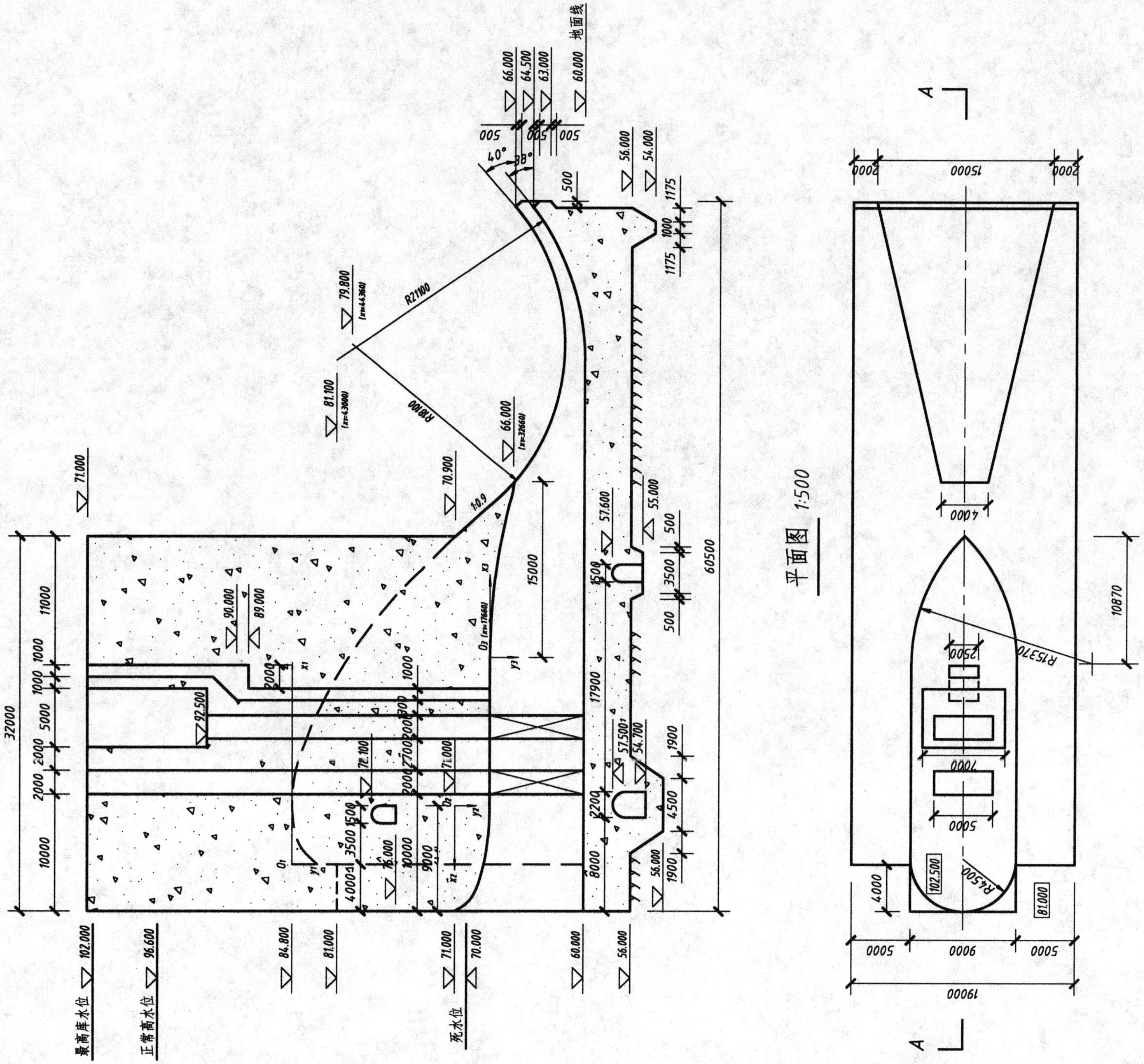

溢流堰曲线坐标

x1	0	1700	3400	5100	6800	8500	10200	11900	13600
y1	2140	610	120	0	100	425	1020	1670	2500
x1	15300	17000	18700	20400	22100	23800	25500	27200	28050
y1	3360	4350	5470	6680	8060	9600	11320	12990	13900

进口曲线坐标

x1	0	1000	2000	3000	4000	5000	6000	7000	8000	9000
y1	3000	2980	2930	2820	2690	2490	2230	1890	1310	0

出口曲线坐标

x1	0	5000	6000	7000	8000	9000	10000	11000	12000	13000	14000	15000
y1	0	230	330	460	600	750	930	1130	1340	1570	1830	2000

11-1 下图为某一住宅的建筑底层平面图，其中客厅与卧室的地面标高为±0.000，厨房地面比其低20 mm，卫生间地面比其低30 mm，车库地面比其低150 mm，室外地面比其低450 mm。

求作：（1）注全所有外围尺寸及室内外标高，尺寸可从图中量取；（2）补全定位轴线编号；（3）补全门窗编号；（4）客厅窗朝南偏东10°，在左下角绘制指北针。

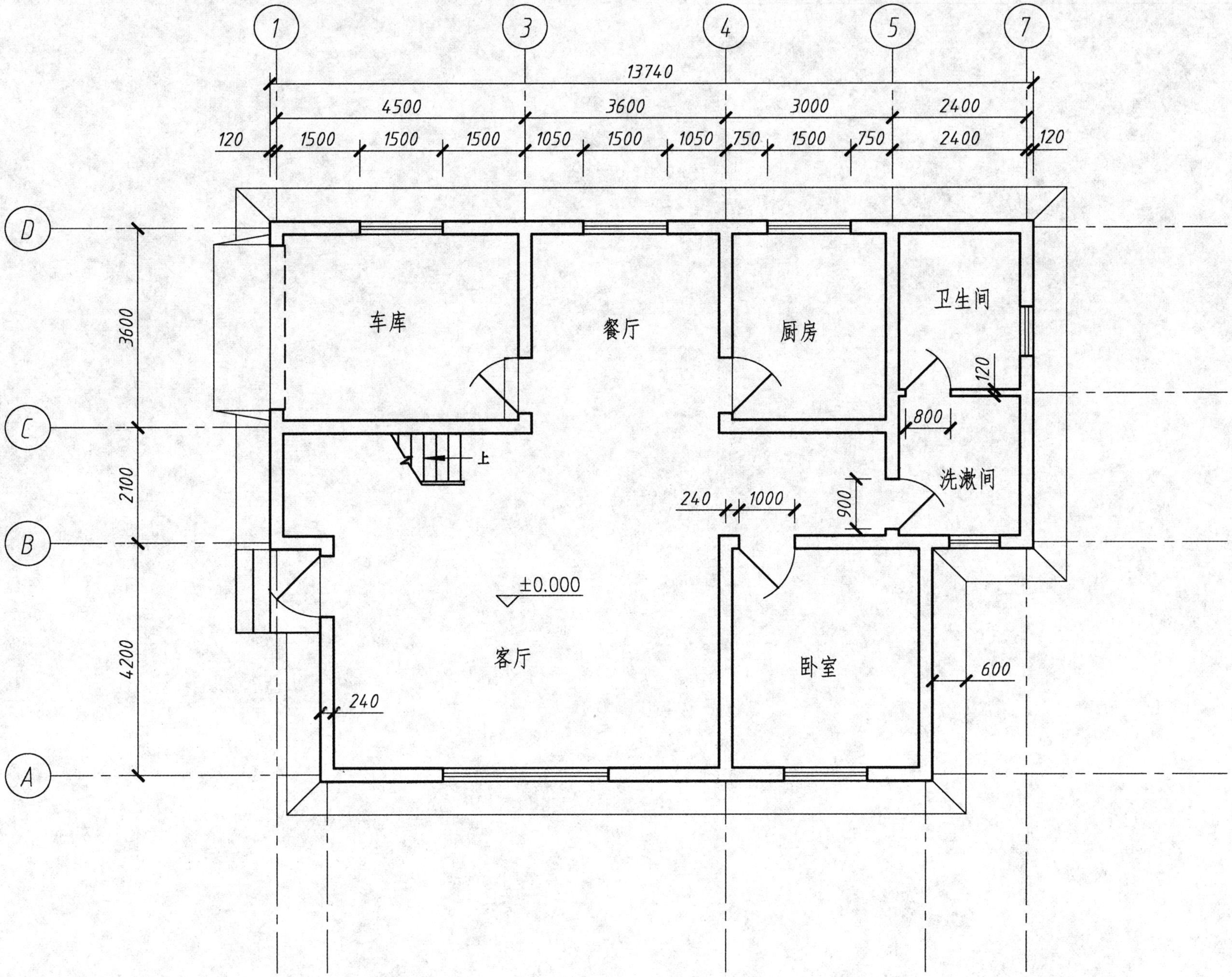

底层平面图 1:100

11-2 阅读房屋建筑施工图，填写门窗统计表；在A3图纸上抄绘平面图、立面图、剖面图。

正立面图 1:100

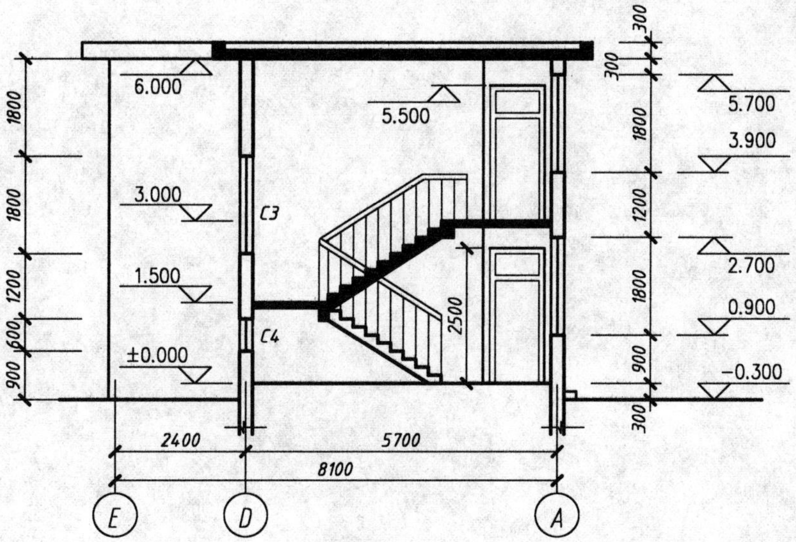

1-1剖面图 1:100

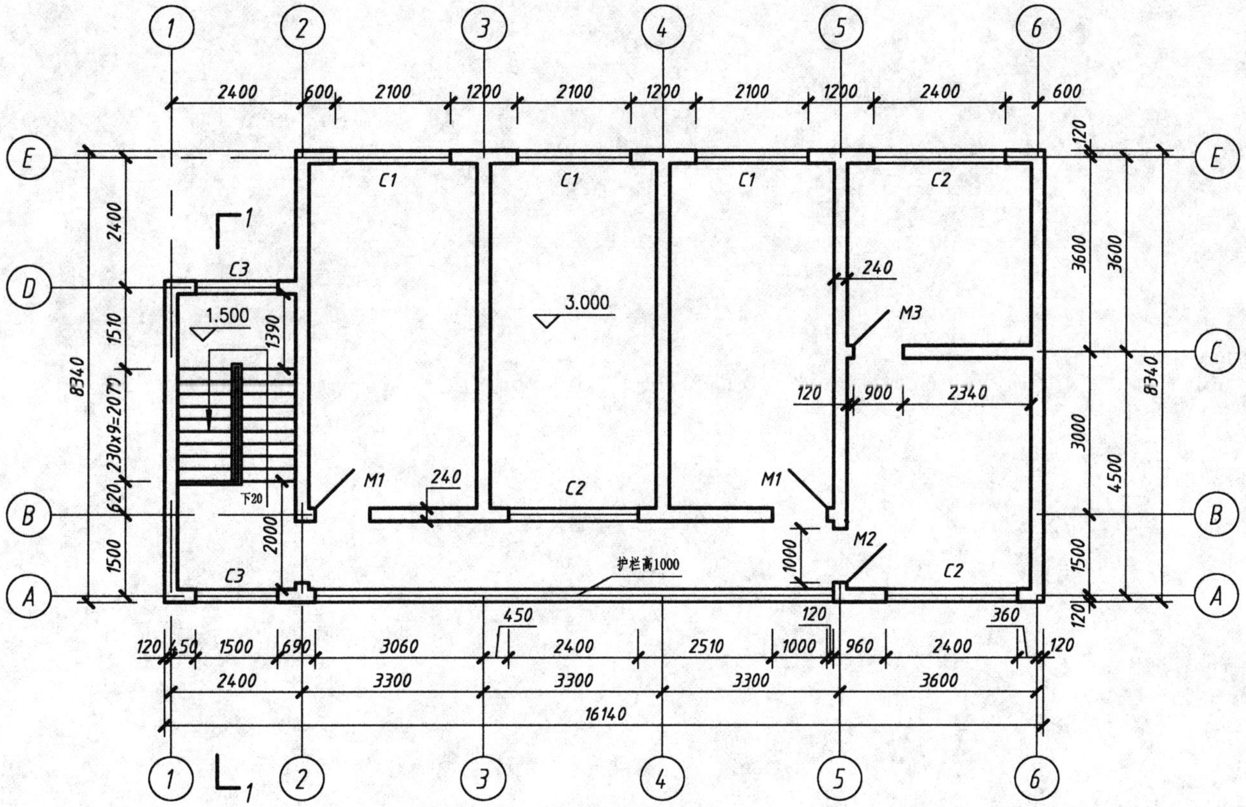

二层平面图 1:100

门窗统计表

编号	名称	宽度×高度	数量

注：$M3$高度为2 100 mm，$C1$高度为1 800 mm，$C4$宽度为1 500 mm。

11-3 阅读第48~51页某独栋别墅的平面图、立面图，并根据所给视图在A3图纸上补画1-1剖视图。(比例1:100)

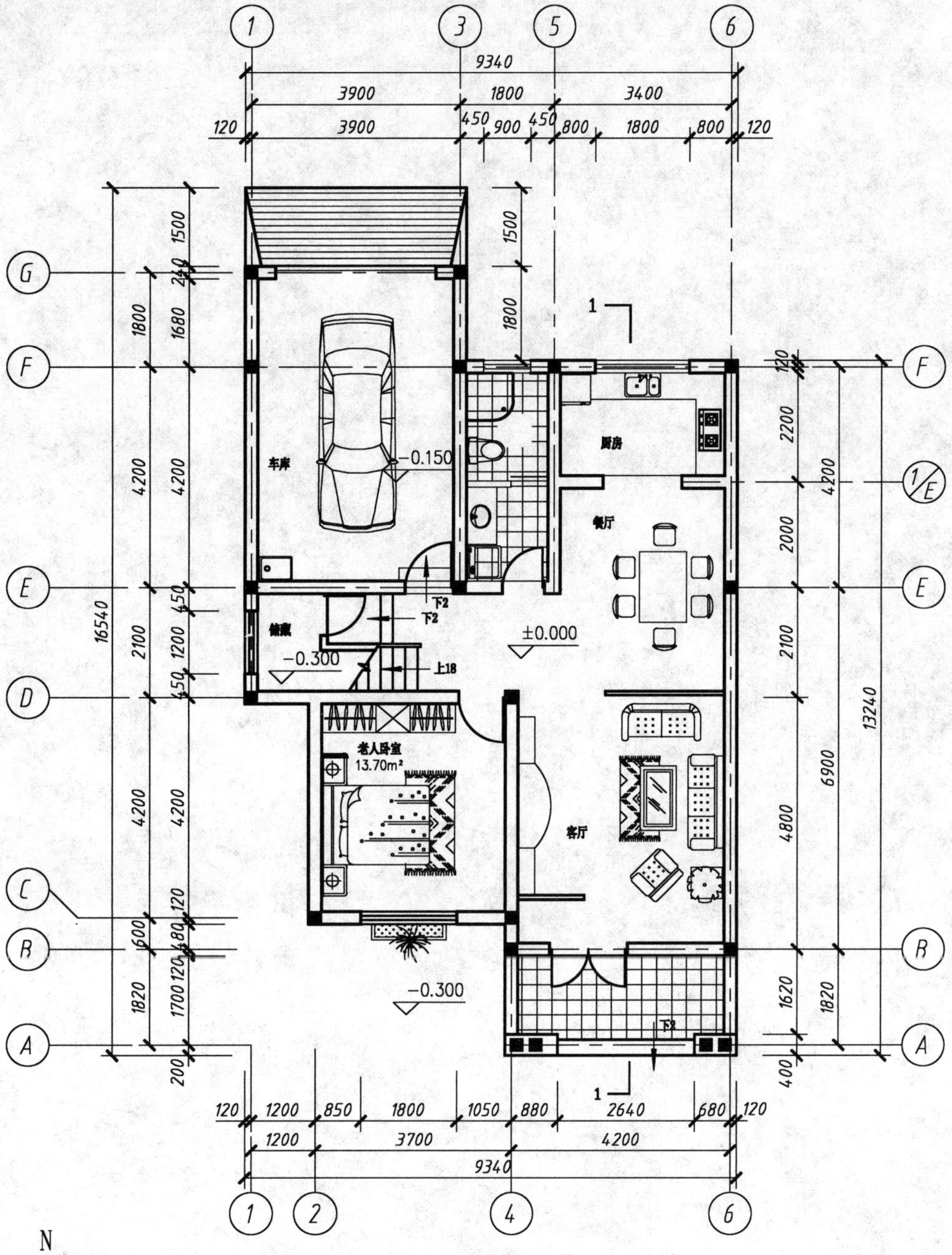

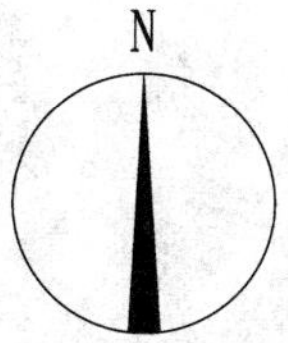

底层平面图

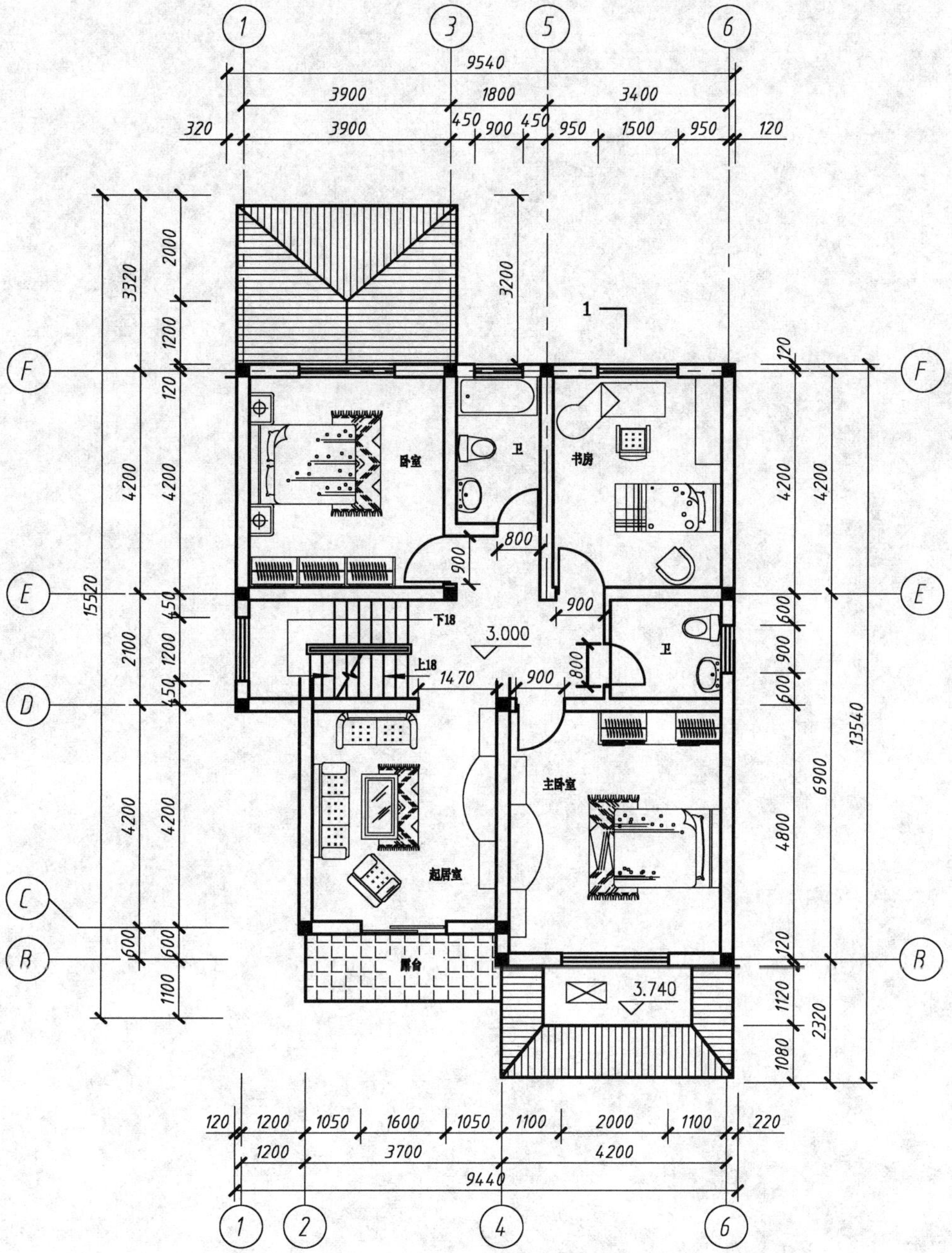

二层平面图

注：墙厚240 mm；柱尺寸为240 mm×240 mm；板厚100 mm；梁高330 mm；室内门高均2 000 mm。

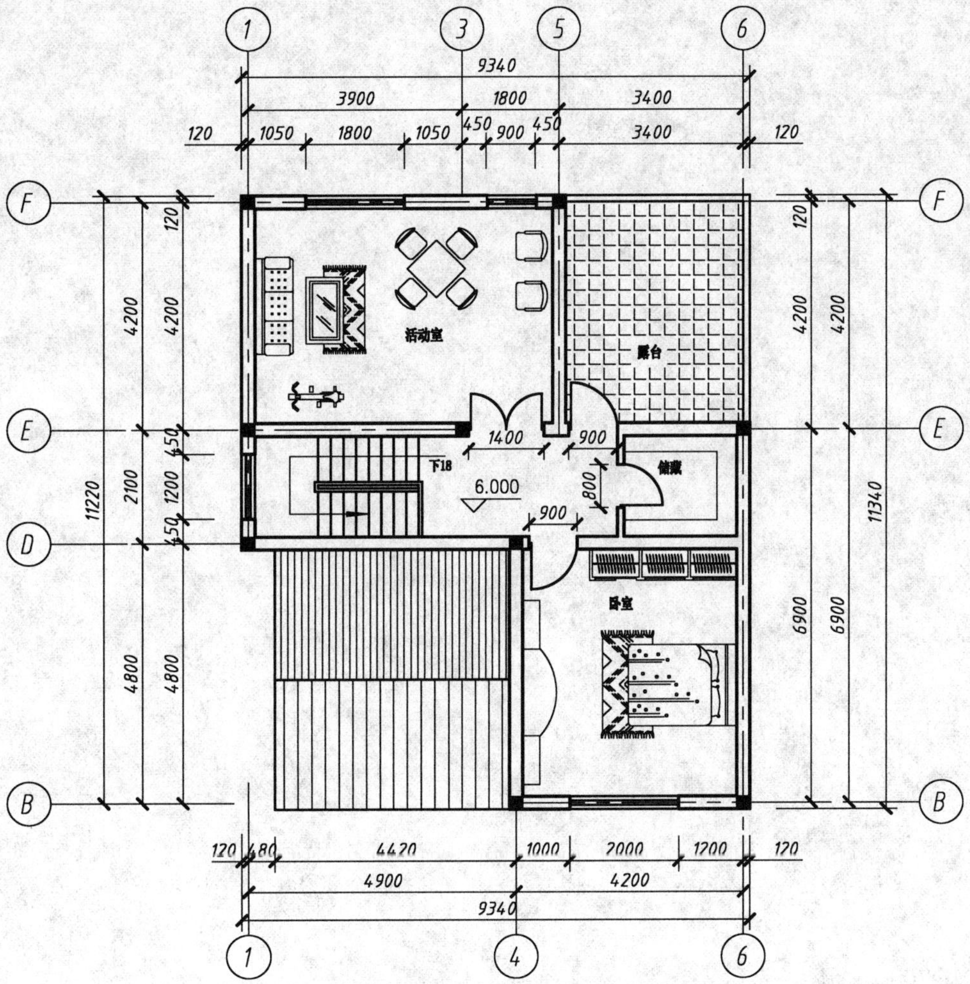

三层平面图

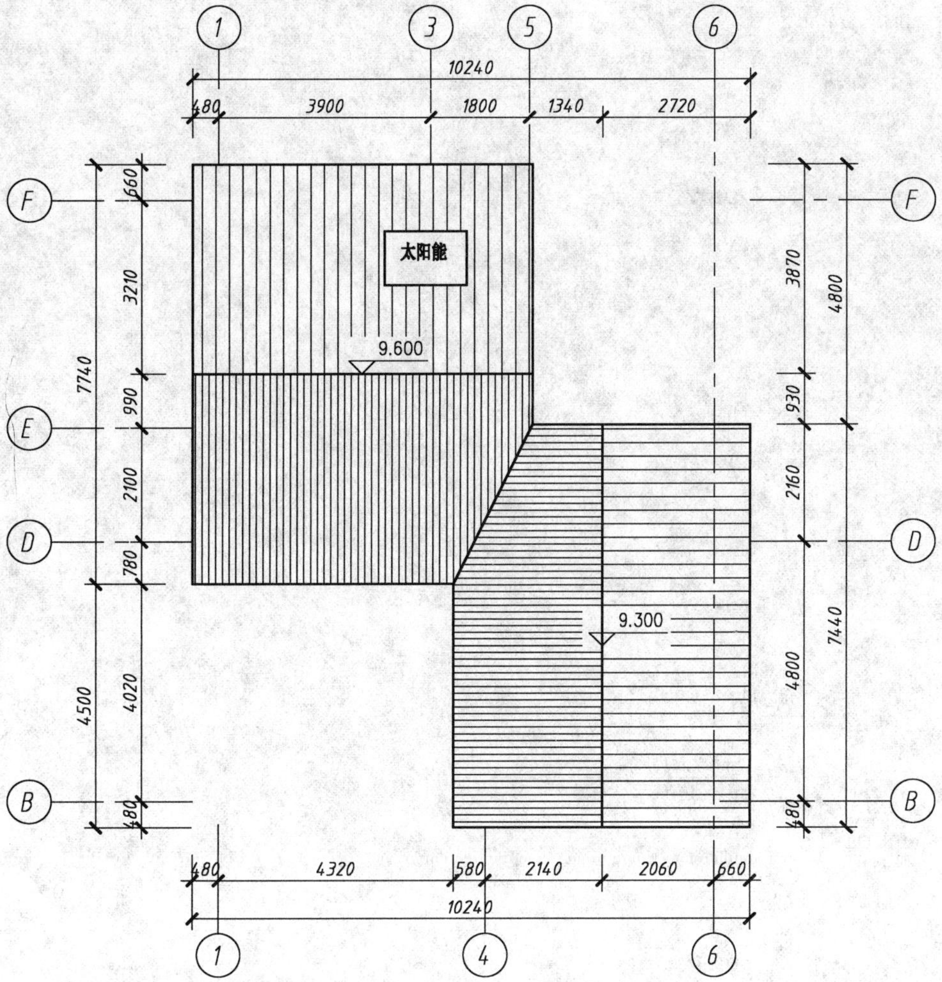

屋面图

注：墙厚240 mm；柱尺寸为240 mm×240 mm；板厚100 mm；梁高300 mm；室内门高均2 100 mm。

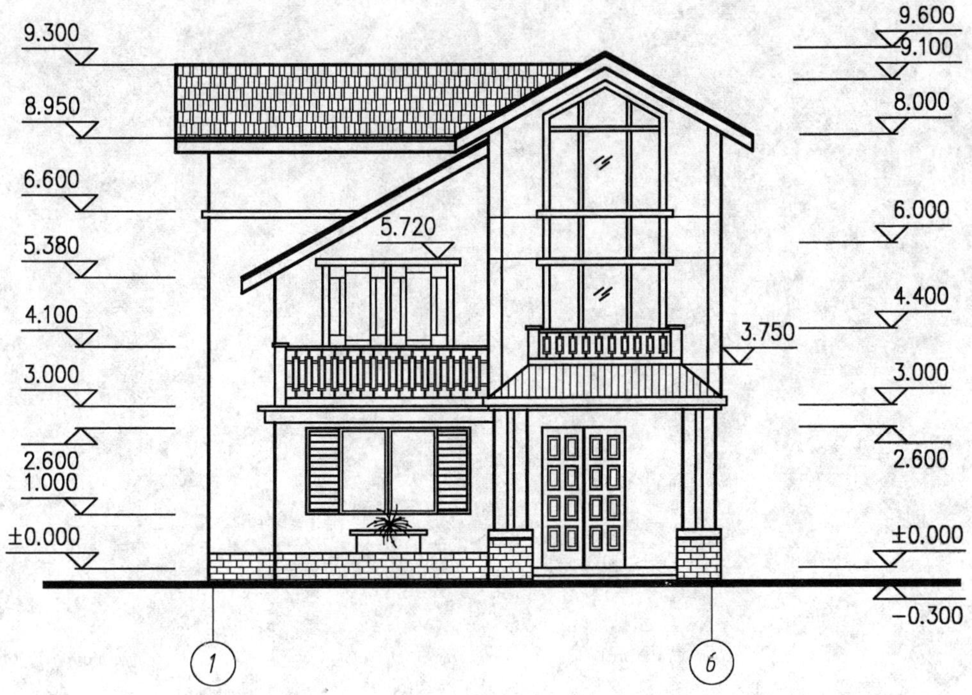
9.300
8.950
6.600
5.380
4.100
3.000
2.600
1.000
±0.000
5.720
3.750
9.600
9.100
8.000
6.000
4.400
3.000
2.600
±0.000
−0.300
1
6

南立面

9.600
8.400
8.000
6.950
6.000
5.600
4.000
3.000
2.600
1.000
±0.000
−0.300
9.300
7.950
7.600
6.800
6.000
5.600
4.000
3.150
3.000
2.600
−0.150
6
1

北立面

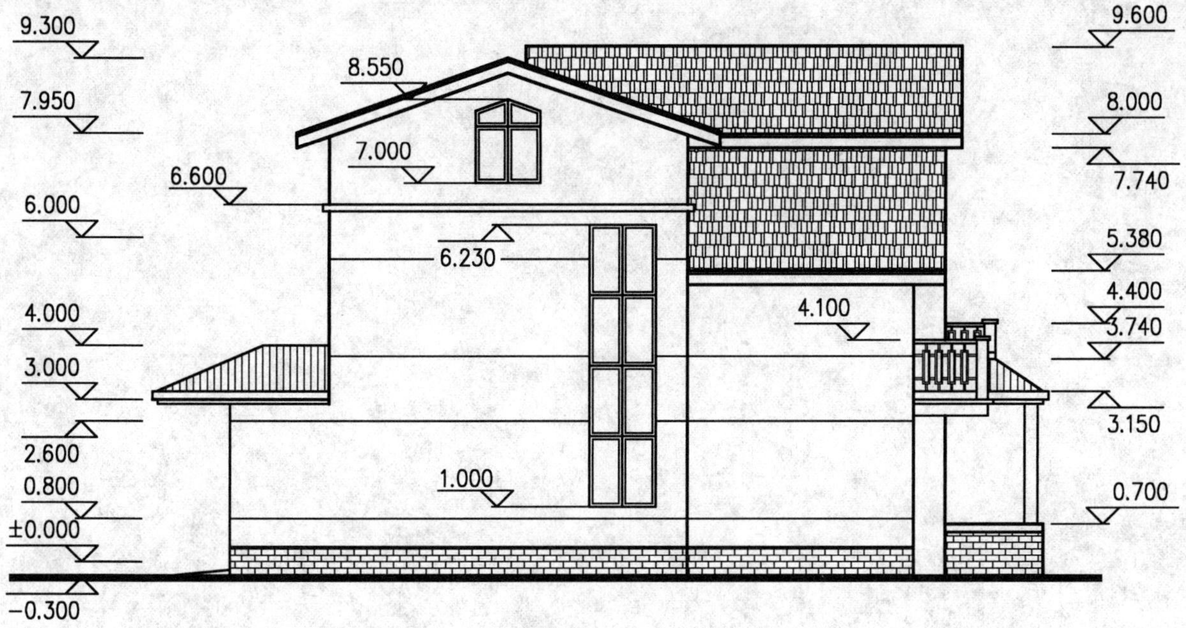
9.300
7.950
6.000
4.000
3.000
2.600
0.800
±0.000
−0.300
8.550
7.000
6.600
6.230
4.100
1.000
9.600
8.000
7.740
5.380
4.400
3.740
3.150
0.700

西立面

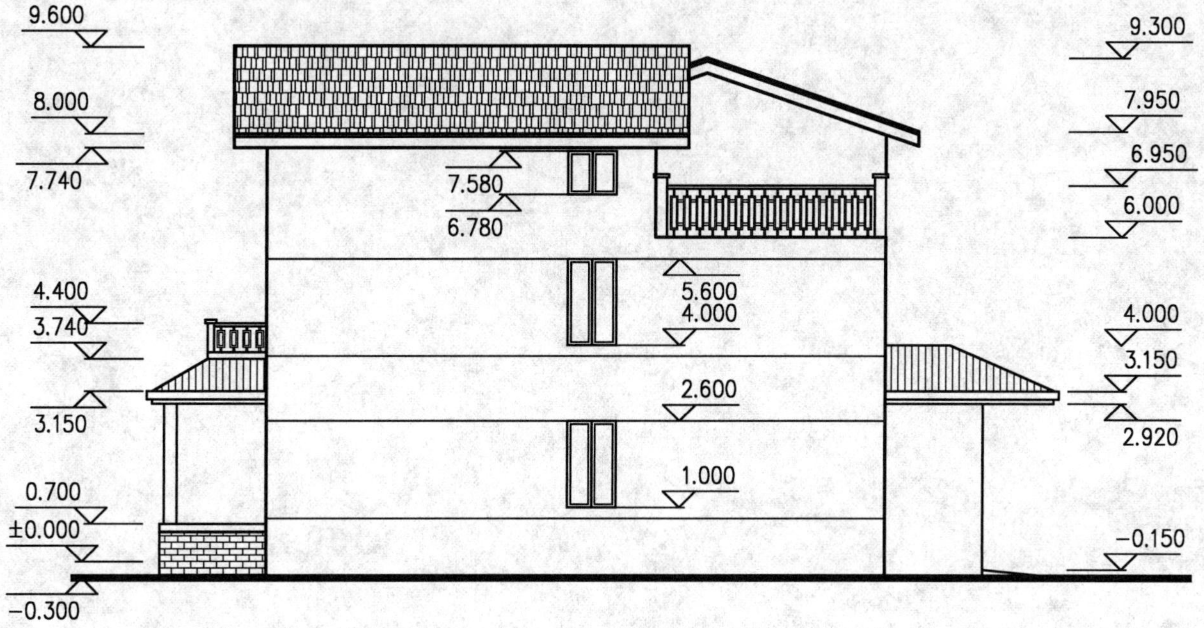
9.600
8.000
7.740
4.400
3.740
3.150
0.700
±0.000
−0.300
7.580
6.780
5.600
4.000
2.600
1.000
9.300
7.950
6.950
6.000
4.000
3.150
2.920
−0.150

东立面

12-1 画出2-2断面图及3号钢筋详图。要求：图线线型、线宽及字号选择合理；断面信息包括梁截面的高度、宽度、钢筋位置、钢筋数量、钢筋等级符号、钢筋编号均体现全面；合理安排各信息位置。

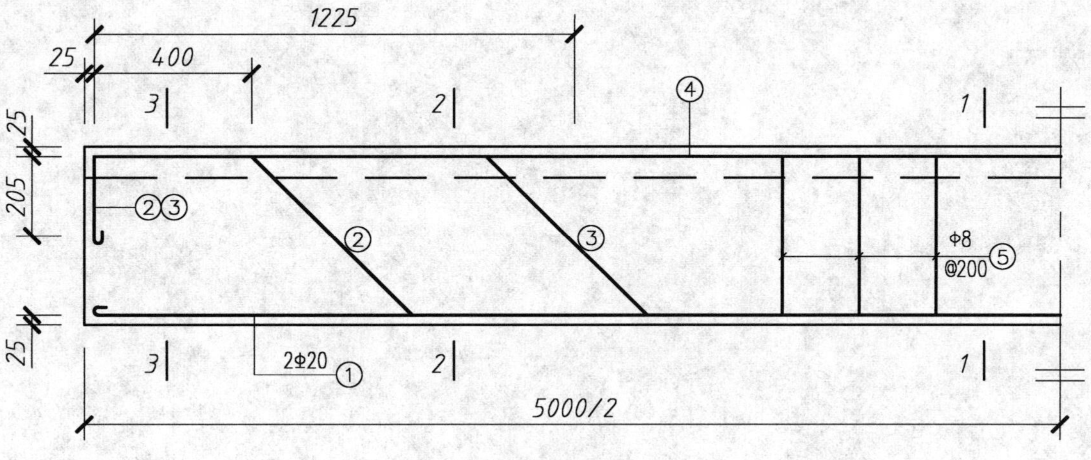

配筋立面图 1:20

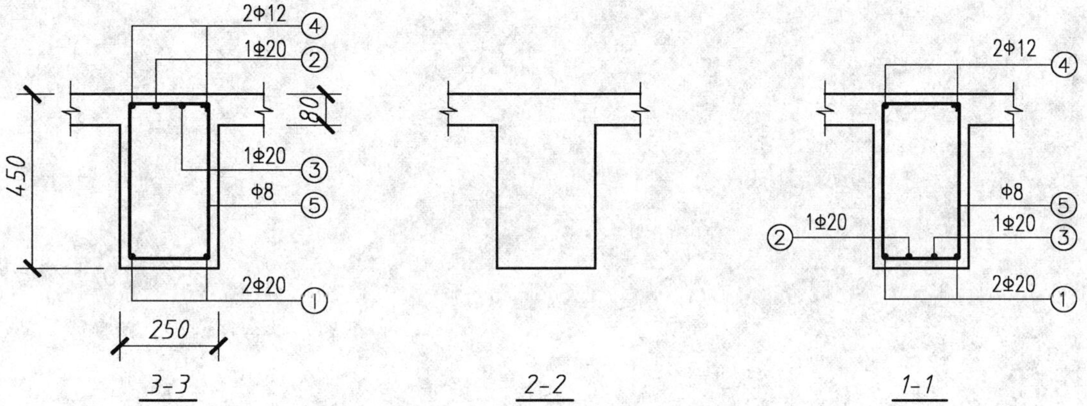

3号钢筋详图 1:20

12-2 根据1-1断面图中提供的数据，用简化表示法画出板的面层、底层配筋平面图及2-2断面图。（比例1:40）

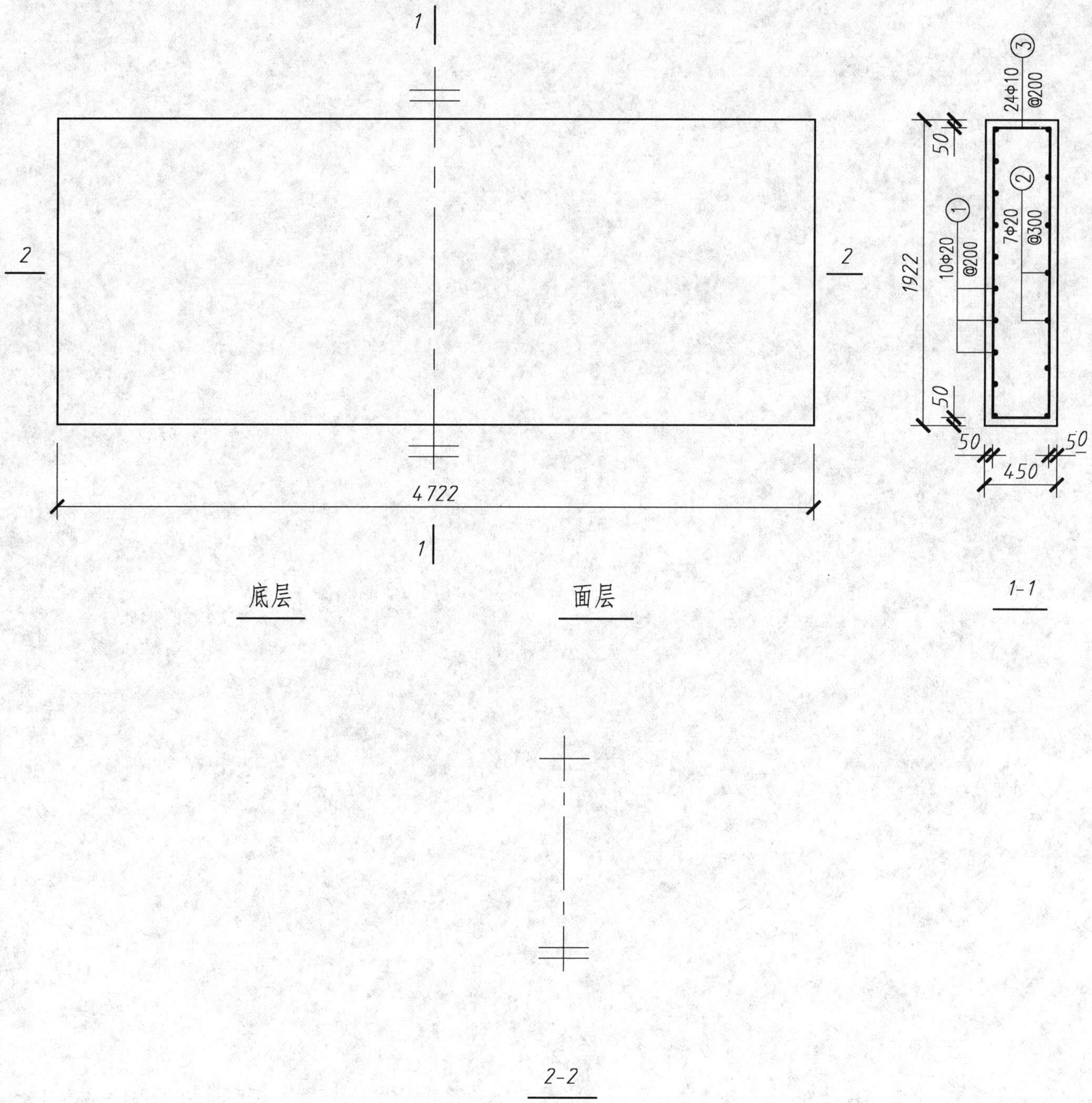